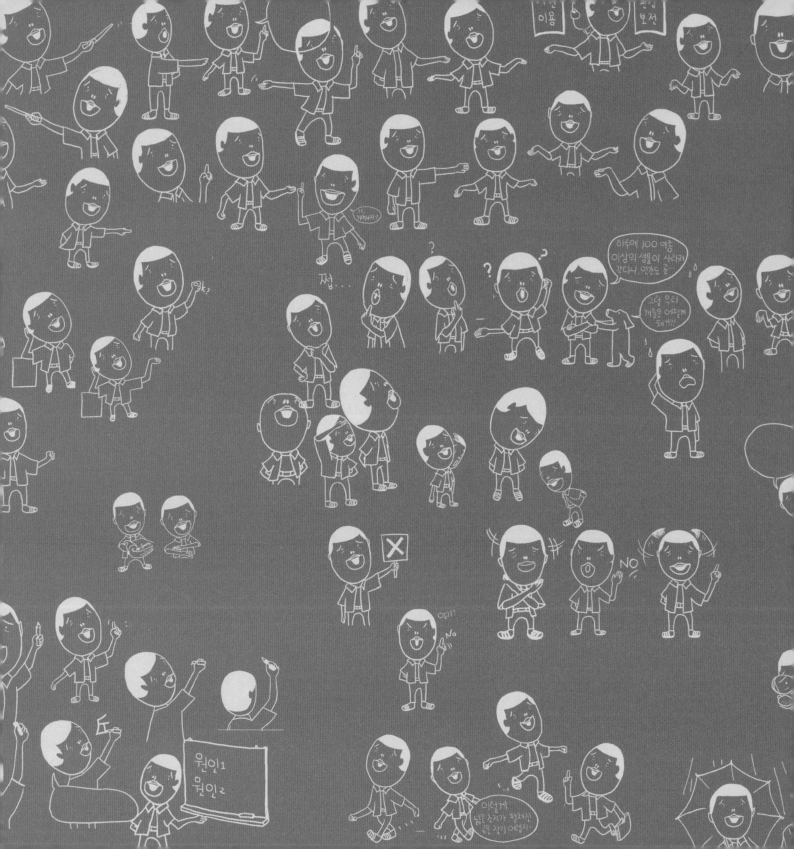

명명백백이란?

名名白白 밝을 明을 이름 名으로
살짝 바꿨는데 눈치챘는강? ㅎ

"이름을 알면 (名名) 모든 이치가 밝아진다 (白白)"

는 뜻이야. 'A는 B이다'라고 하면 암기가 되지만 'A라는 이름이 원래 B라는
뜻이었다'고 하면 이해가 된다는 간단한 관점의 변화에서 시작되었지.
이름으로부터 이야기처럼 풀어나가는 직관적인 설명으로 누구나 이해할 수 있고,
굳이 암기하지 않아도 저절로 외워지는 나만의 독특한 설명 방식이 명명백백이야.

이름엔 대상의 핵심이 담겨 있어. 너희들이 무턱대고 외우는 용어들도 알고 보면
누군가가 지은 이름이라고. 그렇기 때문에 이름을 이해하면 암기하지 않아도
대상의 핵심을 파악할 수 있단다. 내 강의를 한마디로 정리하자면,
이름 속에서 자연스럽게 뜻과 핵심을 연상하는 학습이라고~

... 그런데 내가 누구냐고?

이름: 김만국

직업: 명명백백 학원 원장 및 유일한 선생님

특징: 만국 萬國이란 이름답게 각종 만물에 대한 풍부한 상식으로
전 과목을 가르침. 오랜 고시 시절 후 직업을 전향한 까닭에
고시생의 패션코드와 한몸이 된 상태. 삼선슬리퍼에서 내려오지
않은지 오래. 연습장을 까맣게 채우며 암기하는 학생을 밤잠
설치며 안타까워한 나머지 눈아래 큰 다크써클이 드리워짐.
그와 더불어 일반인이 가지기 힘든 두꺼운 아랫입술의 소유자!
혼인 적령기가 지난지 오래지만 짝을 만나지 못해 늘 외로워 함.

자신의 수업방식에 대해선 자신감이 넘치나 왜 학원에 학생이
없는지는 고민에 고민을 해도 모르겠다는 그의 고백.

명명백백's family

신발사던 날

이름 : 심바
직업 : 딱히 없이 학원을 두루 살핀다.

특징 : 어릴적 길에 버려진 걸 수강생들이 데려왔으나 아무도 집으로는
데려가지 않아 학원에 남게 되었다는 출생의 비밀을 간직한 개.
명명백백에 오래 있어 들은 풍월은 많아 아는척 지대로나 진짜 실력은
모르겠음.
인간사에 참여하는 게 유일한 낙으로, 카톡질과 페북질이 주 일과.
물론 거의 씹힘. 애들이 학교에 있는 낮동안 아무도 이해할 수 없는
놀이를 즐기는 것이 특기. 만국쌤을 자신과 동급으로 여기나 사실
그말고는 받아주는 이도 없다는 ㅠㅠ

다음 세상에선 사람으로 태어나 진짜 시험 한번 보고싶다나..

등교길.

이름 : 오몽

특징 : 모든 이름에 뜻이 있듯
몽이의 이름에도 뜻이, 그것도
큰 뜻이 깃들어 있었나니..
그 모친이 큰 꿈을 꾸며 살라고
몽이라 이름지었으나 그 꿈을
찾으려 잠만 자게 된듯.
출석률이 뛰어난 학생.
그러나 출석률만 뛰어난 학생.
가장 자주 하는 말은 '몬소리야'

나랑살자

첫수업 떻기던 날

이름 : 박복

특징 : 복받으며 살라고 복이라
지었으나 모친이 남편의 성이 '박'씨
라는 걸 작명 다음 날 깨달은 건 함정.
일명 짐승빠. 짐승돌 스케줄은 알아도
개학 날짜는 모른다는..
원래 착실한 앤데 친구를 잘못 만나
연예인에 빠졌다는 모친의 착각과는
달리, 그녀가 착실한 친구들을
꼬드기는 것임.
가장 자주 하는 말은 '아 끝난거
아니었어?'

그리고, 너.

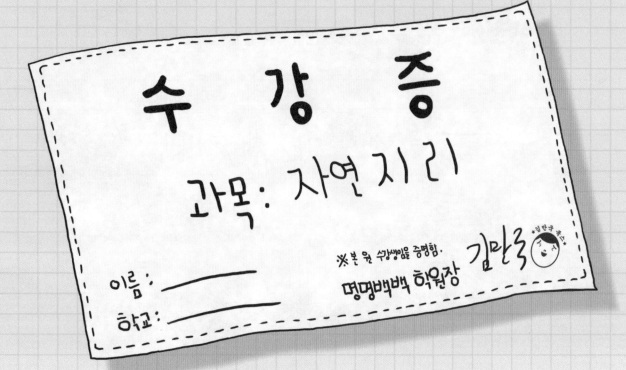

명명백백 100% 활용하기

🌀 본문

29 우리나라 하천의 특색2 – 감조 하천

tidal river

우리나라의 하천은 황·남해로 흐른다고

> 키워드식 풀이로 중고등 과정의 모든 개념을 완벽하게 담고 있다고!

이렇게 조차가 큰 해안을 향하는 하천의 ... 바닷물이 역류하여 들어오면서

바다 (밀물) → 감조구간 → 하천

> 모든 제목에 영어를 달아 학습에 시야를 넓혔어. 인터넷 검색에도 용이하지~

수위가 주기적으로 오르고 내리는 구간이 나타나.

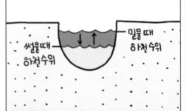

썰물때 하천수위 / 밀물 때 하천 수위

이러한 하천을 조류를 느끼는 하천이란 뜻으로 감조 하천이라 하지.

아 조류가 흘러든닷!

感 潮 河 川
느낄 감 밀물썰물 조 하천
감지
예감

이로 인해 하천 주변에 염해*가 발생할 수 있고

염분 염분 아이짜…
난 민물고기여

4

> 개념을 아이콘화하여 머릿 속에 쏙 들어오고 오래 기억되도록 하는 것이 명명백백식 그림!

> 죽은 한자 풀이가 아닌, 잘 알고 있는 단어로부터 연상하게 하는 것이야 말로 한자를 효과적으로 활용하는 길!

🌀 명명백백 more

🌀 용천대*

> 본문에 나왔던 용어들 중, 보충이 필요한 용어는 따로 설명해 두었지~

...ater area   명명백백 more

우리가 ... '솟는다' 라고 하잖아. 여기서 용(湧)은 '솟구치다'는 뜻의 한자어란다. 여기에 샘을 뜻하는 천(泉)이 결합하여, 용천(湧泉)은 물이 지표로 솟구치는 것을 말하지. 그래서 용천대는 **물이 다시 지표로 솟아나는 지역**이야. 인간의 삶에 있어서 물이란 생명과도 같은 것이니 예로부터 용천대에는 반드시 **취락이** 입지했단다.

🌀 복류천*

伏(엎드릴**복**) 항복, 굴복, 잠복 / 流(흐를류) / 川(내**천**): underflow   명명백백 more

🔵 명명백백 special

🔵 명명백백 Special 7) 바닷물 관련된 용어 정리

이 용어들은 모두 바다나 바닷물에 관한 것들___ 하면서도 초점을 어디에 두느냐에 따라 분명 차이가 있으니, 명명백백식으로 한꺼번에 엮어 보자고!!

> 모두가 모르지만 아무도 가르쳐주지 않았던 바로 그것!
> 헷갈리는 개념들만 쏙 뽑아 한데 모은, 명명백백의 하이라이트!

해양** 海(바다 해)/洋(바다 양)   sea

뒤에 나올 용어들이 바닷물이나 그 흐름을 말하는 거라면, 해양은 그냥
'**바다**'야. 태평양, 인도양, 대서양처럼 큰 바다는 대양(大洋)이라고 하지.

🔵 심바의 bonus

심바의 보너스* – 충적 지형 사진으로 보기

정말 계곡입구에 부채모양이구나~

선상지 (함경북도 안변군 석왕사)

내 집도 이렇게 지을까봐..하원에 비싸는데..

터돋움집 (경기 포천)

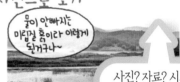

물이 안빠지는 미립질 흙이라 이렇게 된거구나~

배후습지 (경상남도 창녕 우포늪)

문 지형의 바로 그곳! 역시 삼각주는 항공사진으로 봐야 제대로네~

> 사진? 자료? 시사읽기? 심화하습? 다 있지~
> 이 심바님이 준비했다고~!

삼각주 (김해평야)

🔵 차례

🔵 찾아보기

> 명명백백은 진도따라 찾아읽는 키워드식 학습서!
> 차례를 활용해서 흐름에 맞게 찾거나
> 찾아보기를 통해 빠르게 찾거나

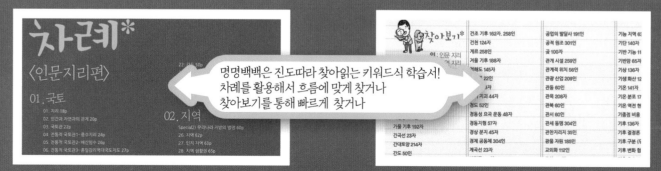

차례*

*전체를 읽을 때는 인문지리 1, 2단원 >> 자연지리 >> 인문지리 나머지 부분의 순서로 읽을 것을 권장합니다!

〈인문지리편〉

06. 우리나라 각 지역과 북한의 생활

07. 세계의 생활과 문화

〈자연지리편〉

01. 지형

02. 기후

03. 환경과 재해

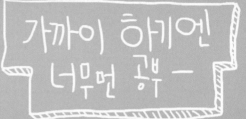

지향

01 지형

누가 뭐래도 지구는 둥글지.

인간이 평평한 땅바닥에 발붙이고 사는 까닭에 이를 인정하는 데 꽤 오랜 시간이 걸렸지만 말이야.

위성으로 보면 이렇게 둥그란 지구도,

해발 8848m의 에베레스트 산에서부터 1만m 깊이에 이르는 마리아나 해구에 이르기까지 다양한 기복을 갖고 있어.

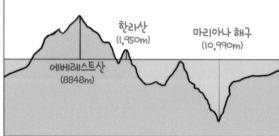

그 기복이 지구 전체로 보면 부스러기 정도 일지라도,

키2m 남짓한 인간에겐 언제나 거대한 도전이었어.

기복뿐만 아니라 육지, 바다, 산, 강, 평야, 빙하 등등 그야말로 지구는 어느 한구석 똑같은 모습을 한 곳이 없어.

이렇듯 **지표면의 다양한 모양들**을 **지형**이라 하지.

地 形

땅 지   모양 형

지표   형태

이제부터 지형에 대해 공부하려고 해. 과학적인 내용들이 많아 꽤 까다로와 하지만 원리를 이해하다보면 어려울 것도 없다고!

여기서는 다양한 지형에 대해 배우면서 우리가 살고 있는 지구의 모습을 좀더 이해하는 것과 동시에

부디 하나뿐인 아름다운 지구를 사랑하는 마음을 갖기를!

지구야 사랑해

02

지도3–
지형도

general map

지도에는 여러가지가 있지만 가장 중요한 것은 물론 지형도!

우선, 좁은 지면에 많은 정보를 표현하기 위해 사용하는 다음 기호들을 봐줘. 사실 이건 기초 수준이고 --;;

- 특별·광역시·도계
- 시·군·구계
- 읍·면 경계
- 철도 (단선/복선)
- 지하철 (지상/지하)
- 도로 (포장/비포장)
- 고속도로
- 고속철도
- 성곽
- 논
- 밭
- 과수원
- 학교
- 절
- 문화재
- 교량
- 병원·보건소
- 항구
- 우체국
- 광산
- 국립공원
- 도립공원
- 능묘
- 온천
- 해수욕장
- 소방서
- 공장
- 등대
- 목장
- 도·광역시청
- 시·군청
- 읍·면·동사무소

상위권 학생들이라면 다음 기호들을 특히 기억하길 바래. 참! 하지만 이러한 일반적인 범례들 이전에 지도에 특별히 표기된 약속이 있다면 물론 그게 먼저겠지?

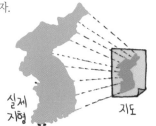

03

지도4–
축척

scale

축척은 실제 거리를 지도상에 축소한 비율 이지? 다 아는 것 같지만 지형도의 기본 개념이니 기초부터 다지고 가자.

축(縮)은 줄이다는 뜻이고

축소 축약 압축

척(尺)은 '자'를 의미해. 예전에는 30cm 정도 되는 자를 단위화하기도 했었지.

그래서 축척은 '실제 길이 00을 한 척(자)로 줄여서 표기 합시다'는 약속이야.

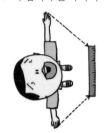

縮 尺

줄일 **축**　길이 **척**

축소	**척**도
축약	한 **척**
압축	두 **척**

축척을 표현하는 방법에는 비례식, 분수식, 막대자식이 있는데, 바로 이 막대자식이 축척의 의미를 고스란히 담고 있어.

$$1:50,000 \qquad \frac{1}{50,000} \qquad \overset{0\quad 0.5km}{\rule{2cm}{1pt}}$$

막대자 위에 적혀 있는 숫자만큼의 길이(0.5km)를 그 막대자의 길이(1cm)만큼으로 축소했단 뜻!

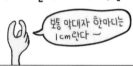

0.5km를 1cm로 축소했음

보통 막대자 한마디는 1cm란다~

흔히들 까다로워 하는 게 **소축척과 대축척의 비교**인데 이때 유용한 것은 **분수식**이란다.

$$"\frac{1}{x}"$$

물론 절대적 개념으로 소축척/대축척 지도를 나누기도 하지만 축척의 대소는 상대적 개념을 먼저 이해해야 해.

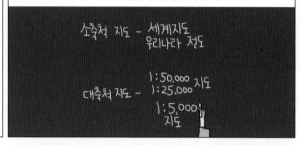

소축척 지도 - 세계지도
　　　　　　 우리나라 전도

대축척 지도 - 1:50,000 지도
　　　　　　 1:25,000
　　　　　　 1:5,000
　　　　　　 지도

명동성당을 중심으로 하는 1:20,000 A지도와 1:10,000 B지도 둘을 비교해 보자. A에는 시청, 서울역 등 비교적 넓은 범위가 간략히 표현되어 있고 상대적으로 B에는 명동성당 주변 건물들이 자세하게 나와 있지.

A는 실제 지표의 길이를 1/20,000로, B는 1/10,000로 축소해서 지도로 만들었어.

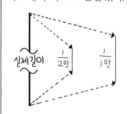

실제길이　　1/2만　1/1만

다시 봐, 명동성당 남쪽 길의 길이가 B지도보다 A지도에서 더 짧게 그려졌지? A지도가 B지도보다 더 많이 축소해서 그린 지도이기 때문이야.

분수식 숫자값을 비교해보면 1/20,000이 1/10,000보다 작으니 A지도가 B지도보다 축척이 작은 거야.

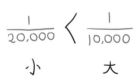

$$\frac{1}{20,000} < \frac{1}{10,000}$$

小　　　大

그리고 A지도는 많이 축소한 만큼 더 넓은 지역을 담을 수 있어. 반면 B는 같은 크기의 종이라면 A보다 좁은 면적 밖에는 그려낼 수 없겠지. 그래서 같은 지역을 표시한 지도는 대축척 지도가 훨씬 큰 거야.

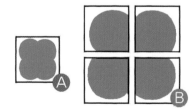

그래도 좀 헷갈린다면 머릿속으로 우리 동네 정도만 나오는 대축척지도와

손바닥만한 세계지도인 어마어마한 소축척 지도를 떠올려 보렴.

그럼 **대축척지도가 좁은 지역을 자세하게** 나타내고 **소축척지도가 넓은 지역을 간략하게** 나타낸 지도라는 말을 바로 이해할수 있을 거야.

** 심바의 보너스~

같은 지역이
크게 보이면 **대축적지도**
작게 보이면 **소축적지도**

아참, 축척은 거리를 축소한 비율을 표시하는 거라 실제 면적을 파악할 때는 축척을 제곱하여 계산해야 한다는 것도 잊지마!

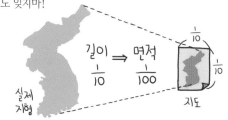

04 지도5-
등고선

contour

너희가 지형도에서 가장 잘 틀리는 부분이 등고선이라는 걸 아니? 그러니 이번 강의를 잘 듣도록!

등고선, **같은 높이의 선**이란 뜻이군. 지형의 기복을 알기 위해 높이가 같은 지점을 연결한 폐곡선이야. 다 알고 있지?

等 高 線
같을**등** 높을**고** 선**선**

등식
평**등**

그런데 이때의 높이란 평균 해수면으로부터 잰 높이인 해발 고도를 의미해.

海 拔 高 度
바다**해** 뺄**발** 높을**고** 정도**도**

발췌, 출**발**

평균 해수면

우선 등고선은 교차될 수 없어. 반드시 여러개의 폐곡선으로 그려지게 되지. 폐곡선은 끊어진 곳 없이 모두 막힌 곡선!

閉 曲 線
닫힐**폐** 곡선

폐쇄
개**폐**

가장 중요한 건 등고선을 통해 지형의 굴곡을 떠올리는 내공!

이는 굴곡을 알고 싶은 지점에 선분을 긋고 숫자를 읽어 그리는 것이 기본이야.

촘촘하면 급경사 / 성글면 완경사라는 것과, **정상으로 휘어져 들어가면 계곡 / 밖으로 휘어져 나가면 능선**이라는 것은 반드시 알아둬야 해. 이때, 상공에서 봤다는 것을 생각하면 의외로 쉬워지지.

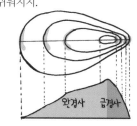

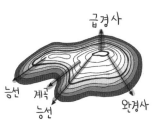

다음 지형과 등고선의 연결도 기본 중의 기본!

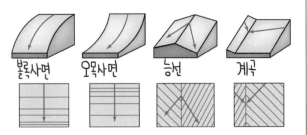

볼록사면　오목사면　능선　계곡

같은 지도상의 길이라면 급경사 지형의 실제 길이가 길다는 것도 당연하지만 중요해.

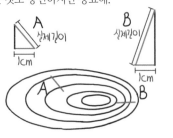

A 실제길이
B 실제길이
1cm
1cm

ㅋㅋㅋㅋ
굴곡을 떠올리는 내공....?

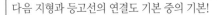 능선*

稜(모서리 **능**)/線(선 **선**) : ridge

명명백백 more

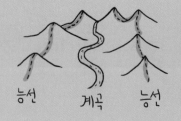

능선　계곡　능선

기초 중의 기초인 능선의 개념도 모르는 친구들이 많더라고? 능선은 우리말로 **산등성이**라고도 하는데 **골짜기와 골짜기 사이의 튀어나온 산줄기**를 말해. 한자어의 이름처럼 산의 '**모서리 선**'으로 이해하는 것이 가장 쉬울 거야. 계곡처럼 푹 들어간 곳에서는 주변 외에는 안보이겠지만 능선은 산의 경치가 내려다보이기 때문에 등산로로 쓰여. 이 능선을 영어로 ridge라고 하거든. 인문지리편 분수계에서 봤지? 분수계는 dividing ridge라고 하니까 능선 중에서 빗물이 갈라지게 되는 능선을 분수계라 하는 거겠지. 사실 능선은 모서리를 말하는 것이니까 상공에서 비가 흘러내릴 때 이를 가를 수 밖에 없잖아.

05

지도6-

등고선의 종류와 이해

등고선에는 네 종류가 있어.

계곡선 ———
주곡선 ———
간곡선 - - - -
조곡선 ·········

이건 입체적인 땅의 높낮이를 평평한 종이 위에 효과적으로 나타내기 위해서인데 왜 네가지나 필요한지는 이름에 모두 나와 있다고!

명명백백

기본적으로 등고선은 어떤 축척의 지도에서든 읽기 좋은 간격으로 그려지는 게 좋겠지. 그래서 등고선과 축척은 밀접한 관련이 있는 거야.

가장 적당한 간격이군. 이걸 주로 뽑시다!

예를 들어 1:50,000지도에서는 20m 간격이 적당한데, 이는 1:25,000지도에서는 10m가 돼.

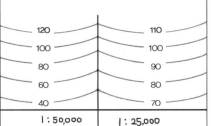

120		110
100		100
80		90
60		80
40		70
1 : 50,000		1 : 25,000

이처럼 지도의 가장 주가 되는 선을 주곡선이라고 해.

主 曲線
주될 **주**　곡선

주연 배우

바로 간단한 이 개념을 이해하지 못해서
여려워하는 경우가 많은 거라고!

제일 보기 좋게 생긴
사람이 주인공을 하는
것과 같다고나
할까 ㅋㅋ

그런데 등고선이 주곡선 뿐이라면 같은 선이 계속
반복되어 보기 어지러울 거야.

그래서 **주곡선 다섯 줄마다 굵은 실선**을 긋지. 거기에 고도를
숫자까지 표시하면 등고선 계산까지 엄청 쉬워져! 봐봐, 어디가
해발 220m 지점인지
금방 계산되지?!

그래서 이를 **계산하기 위한 곡선**, 계곡선이라고 해.
계곡을 그린 선이 아니라 ^^;;

計 曲 線

계산할 계　　곡선

그럼 1:50,000에서는 100m, 1:25,000에서는
50m 간격이지?

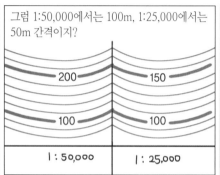

또 주곡선 다섯줄마다 계곡선을 긋기 때문에 마주한
계곡선 사이에 주곡선이 4개가 아니라면 두 계곡선은
무조건 높이가 같다는 것도 응용해 볼 수 있어.

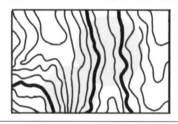

불룩하거나 오목한 지형의 일부이겠지.

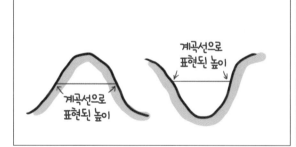

또 어떤 경우에는 **전체적으로 매우 평탄한 지형
내에서의 굴곡을 표현**해야 될 때도 있겠지?

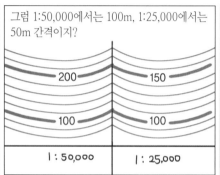

그러면 주곡선만으로는 그 사이의 굴곡을
알기 어려워.

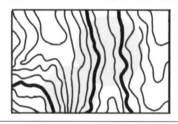

이를 위해 주곡선과 주곡선 사이에

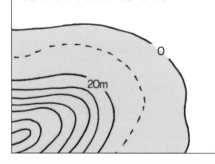

간곡선을 긋기도 하고

間 曲 線

사이간　　곡선

또다시 간곡선을 더 촘촘한 점선으로
반등분하여

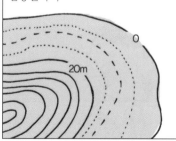

간곡선 사이의 굴곡을 알 수 있도록 도와주는 곡선인 **조곡선**을 긋기도 해. 어때? 이름 속에 용도가 그대로 들어 있지?

내가 도울게

助 曲 線
도울 **조**　　곡선

보**조**
원**조**

문제풀이를 위해 계곡선을 외워두면 유용해. 보통 계곡선에는 고도가 적혀 있어 바로 지도의 축척도 알 수 있거든. 특히 1:50000 지도가 100m 간격이라는 것은 꼭 기억!

		1:25,000	1:50,000
계곡선	——	50m	100m
주곡선	——	10m	20m
간곡선	----	5m	10m
조곡선	······	2.5m	5m

자, 상위권 학생들에게 중요한 것은 지형도를 통해 문제 풀이에 필요한 정보들을 최대한 읽어내는 응용력이야! 그동안 배운 내용들을 한번 연습해 볼까?

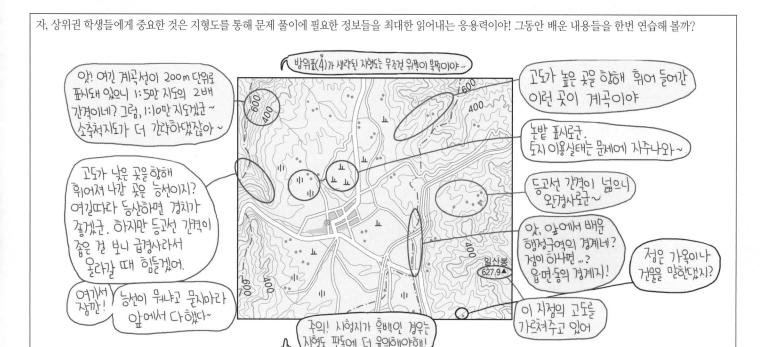

방위표(↕)가 생략된 지형도는 무조건 위쪽이 북쪽이야~

앗! 여기 계곡선이 200m 단위로 표시돼 있으니 1:5만 지도의 2배 간격이네? 그럼, 1:10만 지도겠군~ 소축척지도가 더 간략하댔잖아~

고도가 낮은 곳을 향해 휘어져 나간 곳은 능선이지? 여길따라 등산하면 경치가 좋겠군. 하지만 등고선 간격이 좁은 걸 보니 급경사라서 올라갈 때 힘들겠어.

여기서 잠깐! 능선이 뭐냐고 묻지마라 앞에서 다했다~

주의! 시형지가 흑백인 경우는 지형도 판독에 더 유의해야해!

고도가 높은 곳을 향해 휘어 들어간 이런 곳이 계곡이야

논밭 표시로군. 토지 이용실태는 문제에 자주나와~

등고선 간격이 넓으니 완경사로군~

앗, 앞에서 배운 행정구역의 경계네? 점이 하나면 …? 읍·면·동의 경계지!

점은 가옥이나 건물을 말한댔지?

이 지점의 고도를 가르쳐주고 있어

일산봉 627.9▲

이제 좀더 심화된 내용을 정리해 보자. 우선 등고선은 교차될 수 없댔지?

교차되었다면 한 지점의 높이가 두가지라는 건데? 그건 절대 등고선이 아니지. **한줄의 실선은 하천, 점선은 논밭의 경계**일 거야.

자, 문제 들어갑니다. 여기서 하천은 어디서 어디로 흐를까요?

따보니 위에서 아래네~ 큭!

틀렸어! 남에서 북이야. 물은 능선을 타고 흐를 수는 없잖아? 물이 흐르면 거긴 **계곡**이라는 건데,

계곡은 등고선이 정상으로 휘어져 들어가니까 남쪽이 정상이 되는 거지.

다음, 이 하천은? 이 경우 하천이 흐르는 방향을 알려면 하천 주변의 고도를 확인해야 해.

마주보며 독립된 등고선이나, **계곡선 사이의 주곡선이 4개가 아닌 경우의 두 계곡선은 높이가 같겠지.** 즉, 빨간 등고선은 모두 130m!

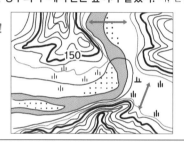

주로 산지와 산지 사이의 평지나 고개의 지형에서 흔히 볼 수 있는 경우야.

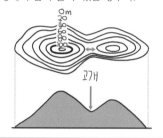

그런데 A 부근은 최저 고도가 130m인데 반해 B 부근은 120m지? 결국 하천은 A에서 B로 흐르겠지.

또, 앞에서 등고선은 교차할 수 없댔지? 그러나 **겹쳐질** 수는 있어. **절벽**인 경우인데,

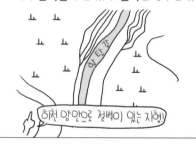

같은 높이에 선을 두르고 절벽을 상공 에서 봐. 겹쳐지겠지.

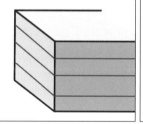

그리고, **움푹 들어간 부분**을 표시하는 **저하 등고선** (혹은 **와지 기호**)도 알아둬. 제주도의 오름이나 카르스트 지형의 돌리네 지형도에서 주로 볼 수 있어.

低 下 等高線
낮을저 아래하 등고선

窪 地 記號
웅덩이와 땅지 기호

고도는 가장 가까운 바깥 등고선의 높이에서 시작해 아래로 내려가는데, 일반 등고선과 같은 간격을 나타내며 (1:25,000에서는 저하 10m) 다양한 지형 표현이 가능해.

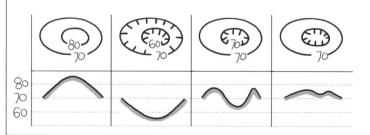

자, 다음은 김만국이 정리하는 등고선 해석의 요점이야! 명심하도록!

1. 방심은 금물. 경솔하게 판단하지 말아라.
2. 상공에서 보았다는 것. 당연한 얘기지만 모든 문제의 열쇠다.
3. 계곡과 능선은 반드시 머릿 속에 콱 박아둬라.
4. 경사도가 클수록 (등고선 조밀할수록) 지도상 거리와 실제 거리의 차가 커진다.
5. 등고선을 관통하여 또다른 선이 지나간다면 그건 대부분 하천.
6. 물은 높은 곳에서 낮은 곳으로! 반드시 높낮음을 확인하라.
7. 물은 계곡을 흐르며 계곡의 등고선은 정상부로 휘어져 들어간다.
8. 등고선이 겹쳐지면 절벽이다.
9. 저하 등고선을 보고 기복을 떠올릴 수 있어야 한다.

명명백백 Special 1) 풍화, 침식, 퇴적

아니, 다 아는 이걸 왜 또 해야 되냐고?? 원래 잘 안다고 생각하고 넘어가는 개념일수록 놓치는 부분이 있을 수 있어. 풍화, 침식, 퇴적은 지형 공부에 있어서 기본중의 기본! 명명백백식 풀이로 다시 다져 놓으면 반석 위에 집을 짓는 것과 같다고.

풍화** 風 (바람풍) / 化 (될화) : weathering

풍화. 직역하면 **비바람(風)에 의한 변화(化)**라고 할까? **지표면에 노출된 암석이 그 자리에서 비바람을 맞아 차차 부서지며 변질되어 가는 과정**을 말하는 거야. 즉, 돌이 잘게 부서지면서 흙이 되는 과정이지. 그러니 영어로도 풍우(風雨, weather)에 의한 작용이란 뜻으로 weathering이라 한단다. 풍화 작용은 크게 기계적 풍화와 화학적 풍화로 나뉠 수 있는데, 실제 이 둘이 결부된 상태에서 서로를 촉진하며 일어나게 돼.

1. 기계적 풍화 : mechanical weathering

혹은 물리적 풍화라고도 하는데, 쉬운 말로 하면, 잘게 쪼개지는 거야. 암석 외부적으로나 내부적으로나 압력이 가해지면 틈이 생기면서 조직이 약화되지. 그러면 그 틈을 계기로 암석이 작게 부서지는 작용을 말해. 보통 온도나 압력차에 의한 암석의 수축 및 팽창, 바람이나, 얼음 결정 혹은 소금 결정의 성장, 생물체의 작용 등에 의해 일어나지.

2. 화학적 풍화 : chemical seathering

암석이 물이나 공기와 접하게 되면 화학작용이 일어나 부식되거나 용해되고, 화학적으로도 다른 물질이 돼. 이는 결국 화학적 원소 배열의 변화이므로 화학적 풍화라 하지. 기계적 풍화에 의해 암석이 잘게 부서지면 외부와 접하는 표면적도 커지므로 화학적 풍화는 더욱 촉진된다는 것도 알아두자.

침식** 浸 (담글 침) / 蝕 (깎을 식) : erosion

침식을 직역하면 물에 **잠긴 채로 깎이는 것**이야. 그런 만큼 하천, 바다, 빙하 등 흐르는 **유동체가 암석을 깎아내거나 용해하는 작용**을 말하지. 그래서 사실 풍화와 침식은 모두 잘게 부서지게 되는 것이니 결과적으로 다른 개념은 아냐. 다만 풍화는 제자리에서 정적인 상태로 분열되는 것으로서 풍화작용 후에는 이동하기 좋은 상태가 되지. 반면 침식은 유동체에 의한 작용만을 말하기 때문에 침식의 결과물들은 이 흐름을 따라 이동하게 마련이라고. 즉, '운반'된다는 것이 다른 점이지.

퇴적** 堆 (쌓을 퇴) / 積 (쌓을 적) : deposition

'쌓다'라는 의미의 한자가 중첩되었으니 그야말로 **'쌓는다'**는 뜻이겠지? '쌓다'라는 것에는 반드시 운반이 전제되어 있어. 처음부터 있었던 것이 아니라, 없었던 곳에 무언가를 가지고 와야 쌓을 수 있잖아. 그러니 퇴적 작용은 **침식된 물질들이 흐르는 물이나 빙하, 바람 등에 의해 운반되다가 어딘가에 쌓이는 것**을 말해.

06 지형 형성 작용

land forming

산, 강, 평야, 해저... 이 모든 지형이 형성된 데에는 원인이 있겠지.

반드시 어떤 힘이 작용했을 터.

이 작용은 크게 지구 내부 적인 것과 외부적인 것으로 나눌 수 있어.

지구 내부의 힘, 주로 맨틀의 움직임이 원인이 되어 **지형이 형성**되는 것을 **내인적 작용**,

內 因
안 **내** 원인 **인**

태양 에너지를 원동력으로 물과 공기가 순환함으로써 물질이 **풍화, 침식, 운반, 퇴적**되어 지형이 형성되는 것을 **외인적 작용**이라고 해.

外 因
바깥 **외** 원인 **인**

혹은 이렇게 지형을 만드는 힘을 **'영력'**이라 하여 **'내적 영력'**, **'외적 영력'**이란 표현을 쓰기도 하지.

營 力
지을, 운영할 **영** 힘 **력**
운영
경영

영(營)이란 무언가를 형성하고 운영한다는 의미인걸 생각하면 이해가 될거야.

자, 지구 바깥 층인 단단한 지각은 여러 개의 판으로 구성되어 있는데, 젤리같은 맨틀 위를 떠다니기 때문에,

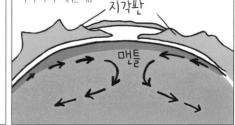

판과 판이 충돌하고 갈라지기도 한다.

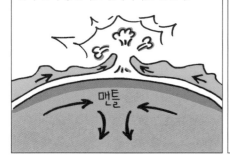

이러한 과정에서 **조산*(습곡, 단층)·조륙*(융기, 침강) 운동과 화산 활동, 지진** 등이 일어나지.

이렇게 내인적 작용에 의해 큰 지형이 형성되고

그뒤에 물, 바람, 빙하가 깎고 운반하고 쌓는
과정인 외인적 작용에 의해

우리 주변의 작은 지형들이 형성되는 거야.

다음 모식도로 정리해 볼까?

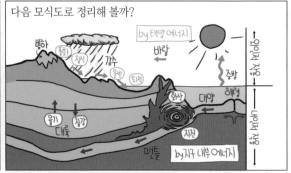

🙂 맨틀*

mantle

맨틀은 영어단어로 외투, 겉옷이란 뜻이야. 불어로는 망토라고도 하지 ^0^ **지각과 핵 사이에
지구를 둘러싸고 있는 부분**이니까 일종의 '지구의 외투'라는 이름을 붙인 거지. 어차피
지질학이야 서양에서 발달했으니 외핵(Outer Core), 내핵(Inner Core), 지각(Earth Crust)
모두 영어이름이 먼저인데, 유독 mantle만은 번역하지 않고 그냥 '맨틀'로 사용하고 있어.
'외투'라고 하면 좀 이상하잖아 ^^;; 이 **맨틀의 상부는 연약한 고체(젤리나 묵같은
것이랄까?)로 되어 있어서 딱딱한 지각판이 떠 다닐 수 있는** 거란다.

---

07 대지형과
소지형

macro landforms & micro landforms

지형을 규모의 측면에서도 대지형과 소지형으로 나누어 볼 수 있단다. 물론
상대적인 개념으로도 쓰일 수 있겠지만,

'**대지형**'은 주로 세계 지리나 지구 과학에서 **세계적인
규모의 지형들**을 말할 때 사용하지.

방금 전에 내인적 작용에 의해 산맥, 단층 등의
큰 지형이 형성되고 외적 작용에 의해 소지형들이
형성되어 나간다고 했잖아?

특히 **습곡 산지**나

바다 밑에서 지각이 생성되는 **해령*** 은 내인적 작용이 큰 영향을 미친 대지형이야.

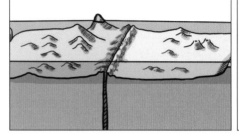

하지만 세계적인 대지형 중에서는 **내인적 작용과 외인적 작용이 함께 작용**한 것도 많아.

습곡 산지 중에서 습곡 작용 뒤에 오랜 풍화와 침식을 거친 고기 습곡 산지는 내인적 작용 뒤에 오랜 외적 작용을 거쳐 형성되었으니까.

다음 장에서 하겠지만 오랫동안 풍화 침식을 통해 형성된 **순상지**는 오히려 외적 작용의 영향을 더 많이 받은 대지형이지.

반면 **소지형**은 풍화, 침식, 운반, 퇴적 작용과 같은 **외적 작용**에 의해 이루어지는,

그야말로 세계 곳곳의 다양한 지형들이야.

예를 들어 열대 기후 지역에서는 암석의 화학적 풍화 작용이 활발하여

두꺼운 풍화층이 형성되고 이것이 다양한 소지형을 만들어.

반면 일교차가 큰 건조 지역에서는 암석의 기계적 풍화 작용이 활발하여

모래가 많아지니 결국 바람이 지형 형성의 주도적인 역할을 담당하기도 하지.

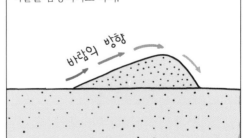

한편 고산지방이나 극지방에서는?

빙하가 지형을 주무르지.

석회암질의 토양인 곳에서는 특유의 **카르스트 지형**이 발달하고

카르스트 지형

하천이 흐르는 곳은 다양한 **하천 지형**들이 나타나지. 우리나라 역시 하천과 그에 따른 지형이 많아 앞으로 지겹도록 다루게 될 부분야~ 기대해~

자자, 정리하면 대지형은 내인적 작용과 외인적 작용 모두, 소지형은 외인적 작용에 의해 형성되지만,

대지형 ← 내적+외적

소지형 ← 외적

일반적인 표현으로 **내인적 작용에 의해 대지형**이, **외인적 작용에 의해 소지형**이 형성된다고 해도 결코 틀린말은 아니야~

만국샘 이랬다 저랬다 하는거 아냐?

그럴땐 '이랬다'도 모르고 '저랬다'도 모르면 안헷갈려

이처럼 세계 곳곳의 위치나 기후, 토양 등의 상황이 다양하기 때문에 그만큼 다양한 지형들이 존재하지만 또 그 뒤엔 공통된 지형 형성 원리가 있다고.

그러니 특정 지역의 지형만을 단편적으로 외우기보다는 과학적 이해를 바탕으로 폭넓게 공부하는 것이 좋단다~

🙂 해령*

海(바다 **해**) / 산맥 **령**(嶺) 분수령, 영취락 : oceanic ridge

명명백백 more

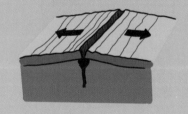

우리는 조산운동에서 맨틀 위를 떠다니던 판과 판이 충돌하면서 습곡산맥을 형성한다고 했어. 그러면 어디선가는 서로 벌어지게 되지 않겠어? 판과 판이 벌어지는 곳에서는 빈 공간으로 마그마가 새어 나오고, 이것이 식으면 주변보다 높아지기 때문에 마치 바다 속의 산맥처럼 보이게 돼. 이곳을 바로 바다의 산맥이란 뜻으로 해령이라고 하는 거야. 령(嶺)이 '산맥'인 것은 분수령에서 지겹도록 했잖아 ^^;; 판과 판의 경계이긴 하지만, 조산대와 달리 판이 생성되는 곳이지.

해령놀이 -

끔.. 오래놀기 별로 재미없네. 딴거 해야지.

- 최근 개발한 용천대놀이 -

용천대가 궁금하신 분은 선상지 or 제주도 편으로!

08 조산운동

mountain building,

조(造)는 무언가를 만든다는 뜻이니

제조
급조
날조

조산운동은 **산을 만드는 운동**이로군.

造 山 運 動
만들 조 뫼 산 운동

제조
급조
날조

영어로는 mountain building 이라니, 차-암 쉽죠-잉?

조산운동에서 말하는 산은 높고 험준한 산맥들이야.

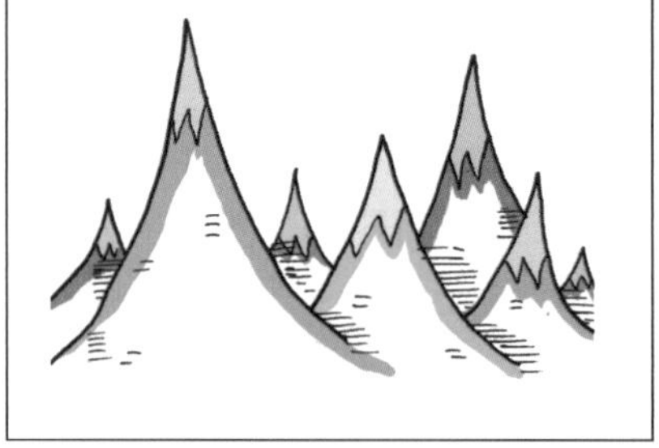

이러한 산지들이 형성되려면 강한 **횡압력***으로 **지층이 습곡, 융기 해야** 되거든.

꾸엑

따라서 조산운동은 **판과 판이 충돌하는 경계부위**를 따라 띠 모양으로 나타나기 쉬워.

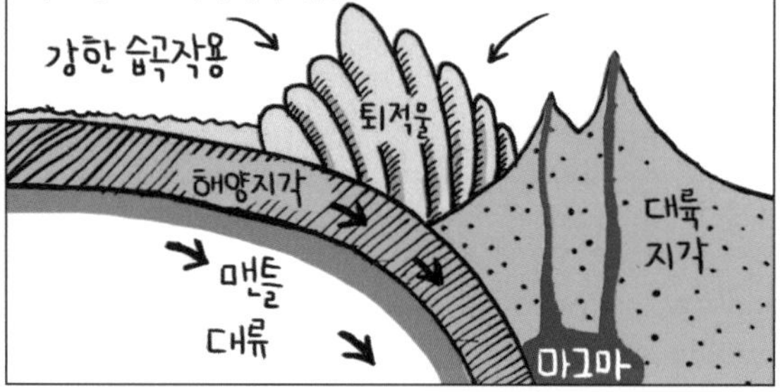

강한 습곡작용
퇴적물
해양지각
맨틀 대류
대륙 지각
마그마

띠는 한자로 대(帶)라고 하니까

혁대
열대
온대

대륙의 가장자리를 따라 **조산운동이 일어나는 띠를 조산대**라고 하지. 특히 환태평양 조산대 (ring of fire)와 히말라야 조산대가 유명해.

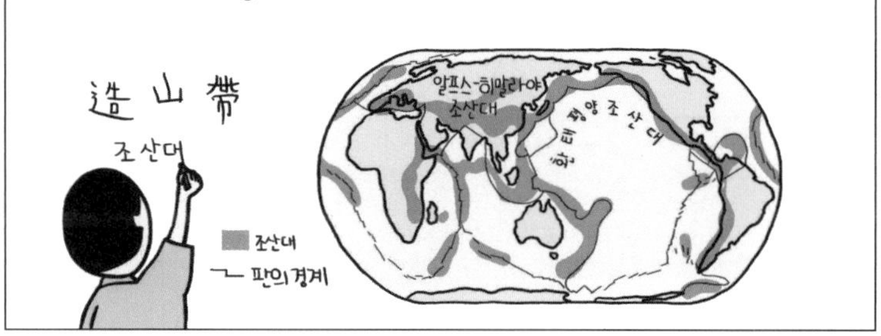

造 山 帶
조산대

알프스-히말라야 조산대
환태평양 조산대

■ 조산대
ㄴ 판의 경계

판과 판이 충돌하면서 산을 만드는데 조용할 리 없겠지?

지각이 불안정하므로 지진과 화산 활동이 활발하겠지.

봐, 위의 조산대 지도와 화산·지진 발생 지역이 거의 일치하지?

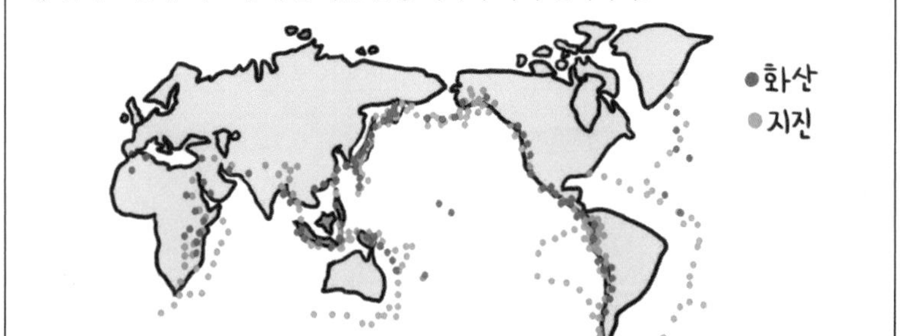

●화산
●지진

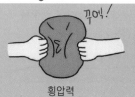

꾸익!

끄 ㅡ ㅣ ㅎ

횡은 가로, 즉 양 옆을 축으로 하는 방향이지. **그러니 횡압력은 양쪽에서 미는 압력이야.**
'찌부'라고 하면 더 쉬우려나? ㄱ 횡압력과 정 반대로 **양쪽에서 잡아당기는 힘을 장력**이라고 해.
잡아당기면 늘어나잖아. 그래서 넓히다, 확장하다는 뜻의 장(張)자를 쓰는 거야.

횡압력   장력

09 조륙운동

조륙운동은 **육지를 만드는 운동**이겠군.

造 陸 運 動

만들 **조** 육지 **륙**   운동

제**조**
급**조**
날**조**

continent forming

영어 이름 역시 육지를 만든다는 뜻이고.

까!똑!
조륙운동이
영어로
모게 ~

continent
forming

우선 딱딱한 대륙판이 연약한 맨틀 위에 떠 있다고
할 때, 언제나 같은 상태로 있는 게 아니란다.

대륙지각

바다

맨틀

지각은 끊임없이 풍화와 침식 작용을 받아 깎이거든.

침식으로
깎여서
가벼워짐

그러면 **대륙 지각은 누르고 있던 압력이 줄어
들어 융기**하게 돼.

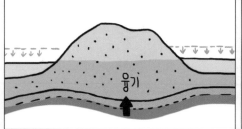

융기

혹은 빙기에 육지를 덮고 있던 빙하가 녹으면,
이때도 가벼워진 대륙은 융기 할 거야.

빙하가 녹아
가벼워짐

융기

반대로 빙하기가 되어 육지에 빙하가 두껍게
덮히면 대륙 지각은 침강하겠지.

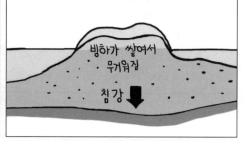

빙하가 쌓여서
무거워짐

침강

마치 물에 떠 있던 나무 토막을 잘라내면 조금 떠오르고, 더 얹으면 약간 가라앉는 것처럼 말이야.

이렇게 습곡이나 단층 작용 없이 지반이 서서히 융기하거나 침강하면서, 육지로 드러나거나 해수면 아래로 가라앉는 것을 조륙운동이라고 해.

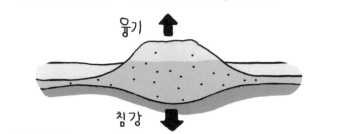

 융기*

 침강*

隆(높일 **융**) 융성 / 起(일어날 **기**) 기립 : uplift

沈(가라앉을 **침**) 침수 / 降(내려갈 **강**) 하강 : ground sinking

명명백백 more

융기는 일어나 높아진다는 뜻이지? 지형학에서는 땅덩어리가 주변보다 상대적으로 높아지는 것을 말해. 반대로 **침강**은 내려가 가라앉는 것을 말하고. 어차피 육지와 바다는 해수면을 중심으로 떠오르고 가라앉고의 문제이니, 상대적으로 **해수면이 하강하면 융기**와 같은 결과를, **해수면이 상승하면 침강**과 같은 결과를 얻게 되겠지.

10 순상지

순상지. 방패 모양의 땅이란 뜻이지? 넓고 평탄하며 단단한 것이 마치 방패를 엎어 놓은 것 같다하여 순상지라고 해.

盾 狀 地

방패 **순** 모양 **상** 땅 **지**

shield

영어로는 방패, 즉 shield라고 하지.

이곳은 선캄브리아기에 조산 운동으로 형성된 이후 장기간 지각 변동을 겪지 않고 침식되어, 안정되고 평탄한 지형이야.

매우 오랜 기간 매장되어 있다보니 빠져나갈 것들은 다 빠져나가고 단단한 것만 남아 철광석 등이 풍부하단다.

지도에서 보듯 판의 가장 자리인 조산대를 피해 대륙 지각의 핵심부를 이루는 세계적 대지형이지.

아프리카 대륙은 거의 전체가 순상지에 속하며 북아메리카, 동유럽, 중앙아시아, 시베리아 일대, 오스트레일리아의 중서부 등에 광범위하게 펼쳐져 있는 것을 확인할 수 있지?

11 산지

mountain

이제부터는 본격적으로 여러 지형들을 하나씩 살펴볼텐데, 우선 **산지** 지형부터 시작해보자.

어떤 이유에서 고도가 높아졌던 간에 일단 산지 지형이 되면, 인간은 그 지형에 적응하고 이를 이용하는 다양한 생활 양식을 만들어 왔지.

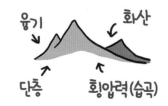

우선 산지나 고원 지형은 **관광**자원으로 활용돼. 등산 안 가본 사람 없잖아? ^^

각종 **임산자원과 지하자원**을 제공하고

농·목축업이 이루어지는 생산 터전이기도 하지.

또한 기온은 고도가 높아질 수록 낮아지기 때문에 고도에 따라 식생 환경이 달라질 수 있어.

이 때문에 고도가 높은 알프스 산지에서는 계절마다 산을 오르락 내리락하며 풀이 있는 곳을 찾아 **이동하며 목축**을 하기도 했단다. 이를 **이목**이라 하지.

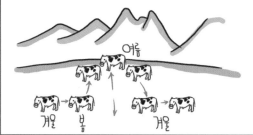

移 牧

옮길 **이** 가축기를 **목**

이사   목장
이동   목축

그래서 알프스 소녀 하이디가 산 아래위를 소떼를 끌고 발바닥이 닳도록 뛰어다닌 거지.

안데스 산지와 같은 열대 지방의 **고산 지대**에서는 서늘한 기후를 찾아 인구가 모이고 **도시**가 발달하기도 했고.

한편 벼농사가 발달한 아시아 지역에서는 **계단식 경작**이 이루어졌지.

최근 생활 수준의 향상으로 **관광, 레저** 산업이 크게 발달하고

심미적, 휴양적, 생태적 기능으로 산지와 고원의 가치는 점점 더 커지고 있단다.

그럼 본격적으로 산지 지형들을 살피러 떠나 볼까?

12 습곡 산지

folded mountain

습곡은 잘 알지? 횡압력에 의해 **주름이 질 정도로 굽어있는 지형**이잖아. 그러면 **습곡 산지**는 습곡 작용으로 인해 산지가 된 곳이겠지 뭐.

褶 曲 山地
주름**습** 굽을**곡** 산지

세계적으로 높고 험준한 산지는 **지각판과 지각판의 경계**에서, 주로 이 습곡 작용에 의해 이루어진 것들이야.

그렇지 않고서야 이렇게 높이 솟아오른 험준한 산지가 될 수 있었겠어?

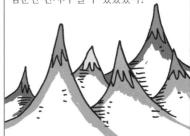

그래서 '습곡 산지'는 말 그대로 습곡 작용에 의한 산지를 의미할 수도 있고 세계적 규모의 습곡 산지를 의미하기도 해.

세계적 규모 습곡 작용은 크게 **고생대와 신생대 3기*** 이후에 일어났는데 이 시기에 따라 고기 습곡산지와 신기 습곡산지로 구분해.

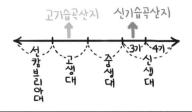

고기 습곡산지는 지각변동 이후 오랜 침식 작용으로 고도가 낮고 규모는 작아진 반면,

신기 습곡산지는 높고 험준하며 지각이 불안정하여 지진이나 화산 등이 활발하지.

한편 고기 습곡산지는 오랜 세월을 지나다 보면 각종 지형 변화를 겪으면서 열과 압력도 많이 받게 되잖아?

그러다 보니 **석유나 천연가스는 탄화되거나 빠져나가고 단단한 석탄이나 철광석 등이** 상대적으로 많이 남게 돼. 반대로 **신기 습곡산지에**는 **석유나 천연가스가** 아직 남아 있을 테고.

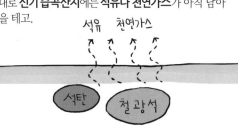

여기에는 시간적 흐름 외에도 매장된 화석이 다른 것도 큰 이유이긴 해.

고생대 - 양치식물 → 석탄

신생대 - 동물성 플랑크톤 → 석유

지도를 보면 신기 습곡산지는 환태평양 조산대, 알프스-히말라야 조산대처럼 **지각판의 경계부**에 위치하여 판과 판이 충돌하여 형성되었음을 보여주고 있어.

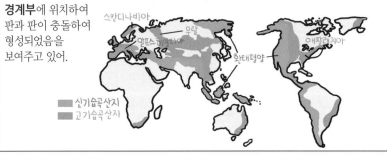

세계적으로 높고 험준한 산맥들은 거의 신기 습곡 산지라고 보면 돼.

그러나 고기 습곡산지는 오랜 시간동안 지각판이 이동하면서 현재의 판 경계와 일치하지는 않아. 판 경계와 비교해봐.

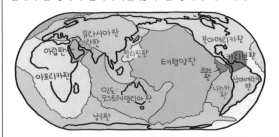

위 지도에서 우랄·애팔래치아·스칸디나비아 산맥 등이 고기 습곡산지에 해당되는데, 판 경계부의 신기 습곡산지를 뺀 나머지 대규모 산지들은 모두 고기 습곡산지인 셈이지.

한반도도 넓게 보면 고기 습곡 산지에 속한다고 할 수 있어.

물론 신생대에도 지각 변동을 받기는 했지만 비교적 완만한 융기 작용 정도였어. 조산 운동의 관점에서 보면 기본적으로는 중생대 이전에 형성된 산지가 오랜 세월 풍화, 침식된 것이지.

시,원생대 변성암이 40%나 된다구..

🌀 신생대 3기* Tertiary Period 명명백백 more

지층연구	화석연구
1기	고생대
2기	중생대
3기	신생대
4기	

너희들 혹시 '신생대 3기나 신생대 4기는 많이 들어봤는데 신생대 1기, 2기는 왜 들어보지 못했을까'라는 생각 안 해봤니? 지질학의 초창기는 지층의 특성을 연구하여 지질시대를 1기, 2기, 3기, 4기로 나누었어. 그리고 나서 다시 동물의 화석을 중심으로 고생대, 중생대, 신생대로 나누었지. 이 때 1기와 2기는 각각 고생대, 중생대에 속하고 3기와 4기는 **모두 신생대에 속하게 되면서** '신생대 3기', '신생대 4기'란 말을 쓰게 된거야.

13 단층 산지

fault-block mountain

단층 산지는 말 그대로 단층, 즉 지각이 끊어지는 것이 원인이 되어 형성된 산지야.

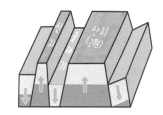

斷 層 山址
끊을 **단** 층 **층** 산지
단절 지층

자, 여기 지층이 있다고 하자.

지층에 강한 장력이나 횡압력이 계속 작용한다면?

이를 견디지 못하고 끊어져 단층을 이루게 될 거야.

그러면 **단층에 의해서** 이렇게 솟아 오른 지형이 생길 수 있지?

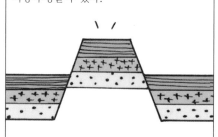

이때 단층에 의해 **지형이 솟아오른 부분을 지루**라고 해.

地 壘
땅 **지** 진 **루**

1루
2루
보루

이 지루 지형이 고도가 높아 산지를 이루면 지루산지라고 해.

37

지루산지는 단층으로 형성된 거라 '단층 산지'라고도 하고

이 때의 '루(壘)'자는 야구에서 쓰는 '루'자인데, 루는 바닥에서부터 일정 높이로 튀어나와 있는 곳을 뜻하는 거야.

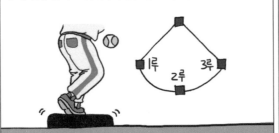

'최후의 보루'라고 할 때 보루도 마찬가지이고.

보루(保 壘)

그런데 말이야, 단층이 생길 때 그 힘이 항상 균형있게 작용하란 법 있어?

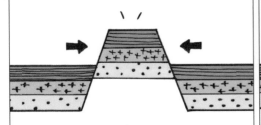

때로는 힘의 균형이 다르거나

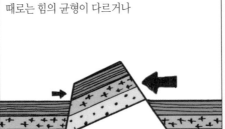

지질 등의 차이로 인해 사면의 경사가 다른 단층의 덩어리가 생길 수도 있겠지?

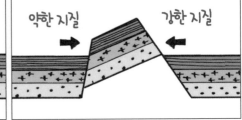

약한 지질   강한 지질

이건 한쪽은 올라가고 한쪽은 내려갔으니 지루라기도, 지구라기도 애매하지?

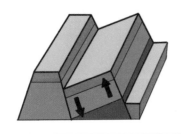

이를 **기울어 움직인 땅덩어리**란 뜻으로 **경동지괴**라 해.

慶 動 址 塊

기울 **경**　움직일 **동**　땅 **지**　덩어리 **괴**

경사　　운동　　지형　　금괴

경동 지괴 역시 단층으로 인해 산지가 된, 대표적인 단층 산지지.

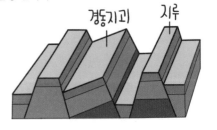

경동지괴　지루

우리나라도 동쪽이 높이 융기하여 처음에 일제 지질학자가 경동지괴라고 보았지만 그 뒤 한국 학자들에 의해 경동 지괴는 아닌, 경동 지형인 것으로 밝혀졌어.

죠선도.. 경동지괴 아니므느?

야! 단층운동 아니고 요곡운동에 의한 경동 지형이거든? 우리 지리에 제발 관심좀 꺼줄랴??

한편, 단층에 의해 푹 꺼진 곳도 있겠지? 여기는 뭐라고 할까?

이곳은 도랑 구(溝) 자를 사용해서 **지구**라고 해.

地 溝

땅 **지**　도랑 **구**

하수**구**
배수**구**

도랑이란 땅이 꺼져서 물이 빠질 수 있게 된 곳이잖아.

이 **지구가 길게 이어진 곳**을 띠 대 (帶)자를 붙여 **지구대**라고 해. 푹 꺼진 지구가 길게 이어진 지형을 말하겠지.

또한 일반적으로 평탄한 특징을 갖기 때문에 지구대를 따라 하천이 흐르는 경우가 많아. 도랑 구(溝)가 딱이지!

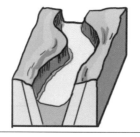

규모와 연속성이 큰 단층 산지들은 지구대 주위로 분포하게 되는데,

동아프리카 지구대가 그 대표적인 예야.

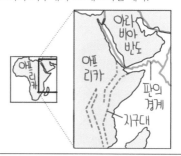

우리 나라에도 지구대 지형이 두 군데 있단다. 뒤에 '지구대' 편에서 다시 보자고!

14 고원

plateau

지리를 공부하다 고원이란 말은 다들 한번쯤은 들어봤지? 고원이란 직역하면 **높은 곳에 있는 평원, 벌판**이란 뜻이군.

高原
높을**고** 벌판**원**

평원

영어로는 plateau라 하는데 그 안에 'plate'가 들어있지?

마치 쟁반을 들어올린 지형 같기 때문이야.

고도가 높은 곳이라면 산지를 떠올리기 마련인데, 산지는 뾰족하잖아.

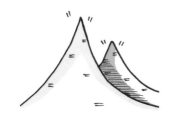

그런데 고도가 높은 곳에 완만하고 평탄한 지형이 형성되는 이유는 뭘까?

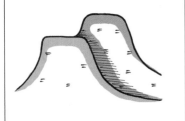

과거부터 넓은 평원이었는데, 그 **평탄한 면이 보존된 채로 천천히 융기**한다면 가능하겠지? 바로 이런 곳을 고원이라고 해.

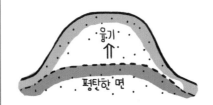

티벳이나 미국의 콜로라도 고원이 유명하지. 해발고도가 높은데 평탄한 지역이 연속되는 대규모의 고원들이야.

우리나라도 이렇게 평평한 땅이 융기되어 고도가 높고 평탄한 지형이 강원도에 있단다!

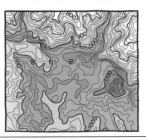

오우! 그럼 강원 고원 아니냐고? 물론 틀린 말은 아닌데... 우리나라에서는 '고위 평탄면'이라는 표현을 많이 써.

평탄한 지역이 넓게 연속되기보다 일단 산지 내에서 평탄한 면이 있을 때 '고위 평탄면'이라 하여 구분하기도 하거든.

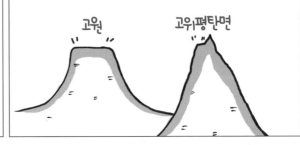

참, 화산에 의해서도 산이 만들어질 수 있겠지?

이때 **마그마가 조용히 분출**되면 평탄한 고원이 형성될 수 있어.

인도의 데칸 고원이 유명하지만 우리나라도 개마고원이 있지! 뒤에서 모두 자세히 살펴보게 될거야.

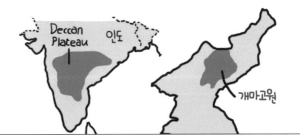

bonus 심바의 보너스* - 세계의 산지 지형 사진으로 보기

습곡 산지(알프스)

지루와 지구 (미국)

고원에 발달한 고산도시 (마추픽추)

40

명명백백 Special 2) 암석의 종류

자, 이제 본격적으로 지형 부분을 공부하기 전에 잠깐 중학교 때 배운 암석을 복습해 보자. 돌다리 두들기는 차원에서 말야. 암석은 만들어지는 원인에 따라 화성암, 퇴적암, 변성암으로 나눌 수 있고 서로 마그마로 용융되거나 열과 압력에 의한 변성 작용, 혹은 풍화·퇴적 작용에 의해 순환한다는 것쯤은 알고 있지?

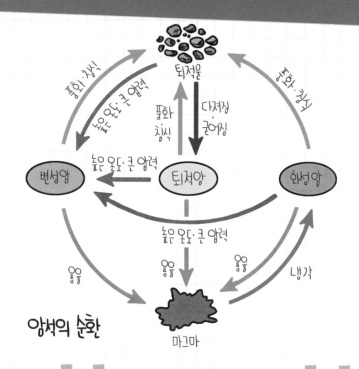

암석의 순환

변성암**
變 (변할 **변**) / 成 (이룰 **성**) / 岩 (바위 **암**)

지각 변동 과정에서 **화성암이나 퇴적암이 높은 열과 압력을 받으면 성질이나 구조가 변해서 새로운 암석이 되는데** 그게 바로 변성암이야. 시·원생대에 생성된 암석은 현재까지 아주 오랜 시간이 흘렀으니 변성암이 안되면 이상한 거지.^^;;

퇴적암**
堆 (언덕 **퇴**) / 積 (쌓을 **적**) / 岩 (바위 **암**)

풍화되고 침식된 물질은 하천이 운반하다 결국 유수가 멈추는 곳에 퇴적될 텐데 **오랜 시간 퇴적되어 만들어진 암석을** 퇴적암이라고 해. 육지에서 퇴적층이 만들어지려면 호수가 적합한데 호수 바닥의 퇴적층에 식물이 함께 묻혀서 오랫동안 탄화되면 **무연탄**이 돼. 또 과거에 바다였던 곳에서는 바닷물 속에 녹아있던 석회질 성분이 가라앉아 **석회암**이 만들어지기도 하지.

화성암**
火 (불 **화**) / 成 (이룰 **성**) / 岩 (바위 **암**)

마그마가 식어서 이루어진 암석이야. 땅 깊은 곳에서 식었을 때는 심성암 (深 깊을 심/成 이룰 성)이라고 하는데 대표적인 암석이 **화강암**이야. 반면에 **마그마가 지표로 흘러 나와 식어서 굳은 화성암은 화산암**(火山 화산/岩 바위 암)이라고 하는데 제주도나 용암 대지에서 볼 수 있는 현무암이 바로 화산암이지.

명명백백 Special3) 지각 관련 용어 정리

지각과 관련된 이 부분도 많이들 어려워하고 싫어하지. 가장 기초적인 용어조차 그 뜻을 정확히 알지 못한 채, 결과만을 암기하려고 하기 때문이야. 일단 명명백백식으로 지질, 지체, 지층 등의 용어부터 정확히 구분해 보자. 그래야 다음 단계도 이해할 수 있으니까.

지각**   地 (땅**지**) / 殼 (껍질**각**)   earth crust

'땅 껍질'이란 뜻이지? 지구의 표면을 둘러싼 부분으로, 토양과 암석을 모두 포함해. 영어로 껍질은 'crust'니까 (껍데기에 치즈가 들어간 크러스트 피자 알지?^^ 식빵의 가장자리도 크러스트라고 한단다.) earth crust가 되겠지. **이 지각이 부드러운 맨틀 위를 떠다니기 때문에 여러 가지 지각 변동이 일어나는 거야.** 대륙 지각과 해양 지각으로 나눌 수 있어.

지질**   地 (땅**지**) / 質 (바탕**질**) 물질   geological features

말 그대로 땅의 질, 땅을 이루는 물질이야. 그렇다고 원소까지 쪼개 들어가서 말하는 개념은 아니고 **암석, 즉 화성암 / 퇴적암 / 변성암 중 어떠한 것으로 구성되어 있는가**를 말하지. 물론 굳지 않아 부드러운 상태인 토양이나 화산재 등도 있지만 이는 표층 지질이라고 말하고, '지질'이라 하면 주로 암석의 구성을 의미한단다.

지체 구조**   地 (땅**지**) / 體 (몸**체**) / 構造 (**구조**)   tectonic settings

지체 구조는 **땅의 구조**야. 우리 발 밑의 땅은 모두 하나인 것 같지만 NO! 다양한 지형 형성 작용에 의해 생성되었기 때문에 그 구조를 살펴보면 **서로 다른 성질을 가진 덩어리**들로 나눌 수 있어. 어떤 환경(육지로 드러났다든지 물 속에 잠겨 있었다든지)에서 생성된 땅 덩어리인가에 따라 **지질이나 지하 자원 등이 달라지기** 때문에 구분을 하는 거야. 뿐만 아니라 지체 구조를 알면 판구조론에서 지각의 이동 과정 등에 대한 해답을 얻을 수 있고 이는 땅의 생애를 아는 지름길이 돼. 한반도도 처음부터 지금의 형태를 띠고 있었던 것이 아니라 각각 성격이 다른 땅 덩어리들이 지각 운동 과정을 거쳐 모인 것이거든.

지층**   地 (땅**지**) / 層 (층**층**)   stratum

지층은 지각 중에서도 여러 퇴적 물질의 층으로 이루어져 있는, **퇴적암에서의 층 구조**를 말해. 퇴적암 기원의 변성암인 경우 지층의 흔적이 보이기도 하지만 보통 퇴적암에 대해서만 쓰는 용어야. 층과 층 사이는 시간의 간격을 의미하며 퇴적될 당시의 환경을 설명하는 단서가 되지.

언더스텐?

야! 지각이고 지층이고, 반죽을 섞어야지 층을 만들면 어떡해!! 두시간 기다렸는데에! 아씨...

▶그래도 좀 헷갈린다면 비유를 들어줄까? 네가 여러 가지 반죽을 막 섞어서 복잡한 쿠키를 만든다고 할때, 지질은 밀가루, 초콜릿, 설탕, 계란, 버터 등을 서로 다르게 섞은 반죽들에 해당하고, 지체 구조는 서로 다른 성질의 반죽 덩어리를 어떤 크기로, 어떤 모양으로 붙이느냐에 해당돼. 지층은 반죽을 겹겹이 층지게 만드는 쿠키가 있다고 치면, 그 서로 다른 층을 의미한다고 보면 되지. 마지막으로 지각은 곧 '쿠키' 자체고! 언더스탠?

15 한반도의 지질 구조

geological structure

지질은 **어떤 암석으로 구성되었는가**를 말한다고 했지?

그런데 암석은 어디에서 어떻게 만들어졌느냐에 따라 구성 광물이나 성질이 달라.

> 난 눈·비에도 끄떡없으~

> 난 풍화·침식엔 완전 취약..

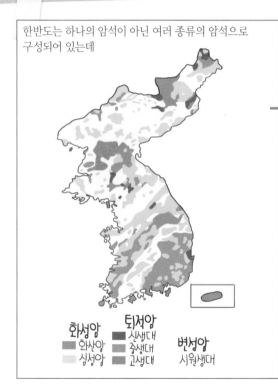

한반도는 하나의 암석이 아닌 여러 종류의 암석으로 구성되어 있는데

화성암
- 화산암
- 심성암

퇴적암
- 신생대
- 중생대
- 고생대

변성암
- 시원생대

그 구성비는 다음과 같아.

고생대 2%
신생대 2%
고생대 5%
중생대 25%
화성암 27%
중생대 6%
신생대 4%
퇴적암 20%
화성암 37%
중생대 5%
원생대 3%
변성암 43%
시생대 40%

특히 선캄브리아기의 변성암인 **편마암** - 중생대 때 관입한 **화강암**-고생대부터 만들어진 **퇴적암** 등의 비중이 높지.

> 야, 화성암이니 변성암이니 모니 기억 하나도 안나아아!

> Special2서 해잖아!

결론적으로 한반도의 지질은 **대부분 중생대 이전에 형성**되어 매우 **오래되고 지반이 안정**되어 있다는 점을 꼭 기억하길!

> 아우, 내가 낼 삼십억 세살 생일이여..

> 어머 성님! 나 겨우 오어 살인디..

> 며구 꼬여라

> 만쯤가반!

16 한반도의 지체 구조

tectonic settings

지질이 **서로 다른 땅의 질(암석)** 자체에 관심을 가진 것이라면

> 편마암, 심성암 사암으로 ..

> 중생대 퇴적암과 화산암으로..

지체 구조 그보다는 좀 더 넓은 **구조적 범위**에 초점을 맞춘 거야.

> 육지였던 육성 땅덩어리로.

> 바다였던 해성 땅덩어리로..

한반도는 여러 서로 다른 성질의 땅 덩어리들로 되어 있는데, 이 지체 구조의 이름은 보통 그 주변 지방의 이름을 따서 붙여. 정확히 행정구역과 일치하지 않을 수 있지만 말야.

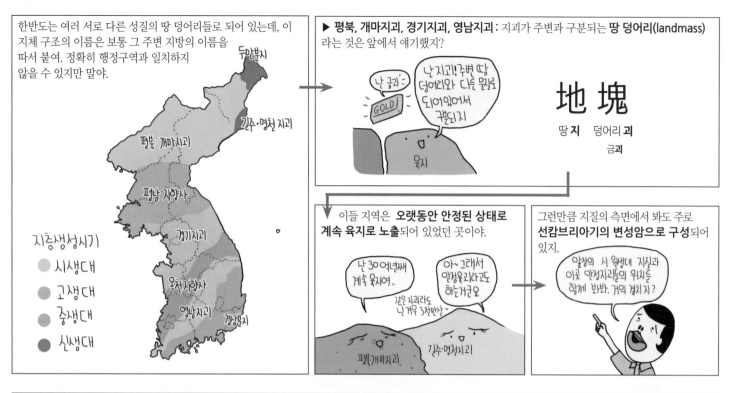

지층생성시기
- 🔘 시생대
- 🔘 고생대
- 🔘 중생대
- 🔘 신생대

▶ 평북, 개마지괴, 경기지괴, 영남지괴 : 지괴가 주변과 구분되는 **땅 덩어리(landmass)** 라는 것은 앞에서 얘기했지?

地 塊
땅 **지**   덩어리 **괴**

금괴

이들 지역은 **오랫동안 안정된 상태로 계속 육지로 노출**되어 있었던 곳이야.

그런만큼 지질의 측면에서 봐도 주로 **선캄브리아기의 변성암으로 구성**되어 있지.

▶ 평남지향사, 옥천지향사 : 지향사는 땅의 방향이 기울어졌다는 뜻이지? 이는 **지각 일부가 기울어지면서 바다 밑으로 침강한 지역에 두꺼운 퇴적물이 쌓인 곳**을 말해.

地 向 斜
땅 **지**   방향 **향**   기울어질 **사**
지각   경사

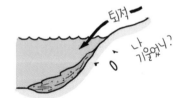

고생대 때 한반도의 지괴들 사이의 저지대는 바다 밑으로 잠겨 있었기 때문에 지향사가 되었어.

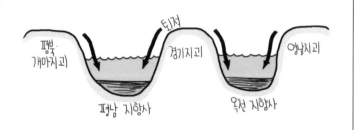

여기가 중요! 그런데 **고생대 중기까지는 바다에 잠겨있다가 중기 이후에는 조륙 운동으로 다소 융기하여 넓은 호수로 변하게** 되지!

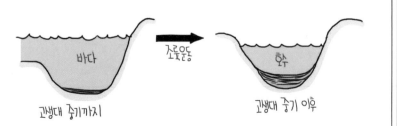

그래서 **고생대 전기에는 바다 속에서 만들어진 해성(海成) 층인 '조선계 지층'** 이 나타나는데

이때의 대표적인 퇴적암이 **석회암**이야.

고생대 후기에는 넓은 호수에 퇴적된 **육성(陸成) 층**인 '**평안계 지층**'이 만들어 졌는데

그 안에는 **무연탄**이 매장되어 있지.

그래서 고생대 지층을 살펴보면 **같은 지역의 하부 지층에는 석회암이, 상부 지층에는 무연탄**이 묻혀 있는 거란다.

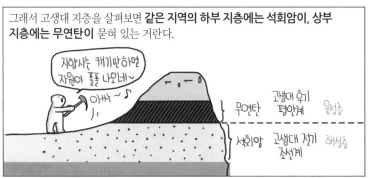

지향사의 위치와 석회암 및 무연탄의 분포 지역이 일치한 다는 것을 지도로 확인할 수 있어.

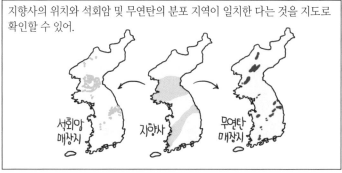

▶ **경상 분지 : 경상도** 지역에 있었던 **퇴적분지**를 말해. 이를 구성하는 지층은 '**경상계 지층**'이라 하지.

중생대 말, 경상도 지역은 넓은 호수가 분포했고 여기에 두꺼운 **육성층**이 형성되었어.

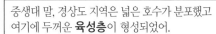

이때 여기에 공룡이 엄청 살았대나봐. 그래서 경상계 지층에는 공룡 화석이나 발자국이 많이 발견되지.

▶ **두만 지괴, 길주·명천 지괴:** 이들 지괴는 **신생대 제3기**에 만들어진 지층으로 분포 범위가 좁고

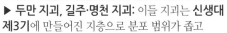

갈탄이 묻혀있어. 같은 석탄이라도 생성 시기가 짧아 탄화도가 낮은 갈탄이 된 것이지.

북부 지방에서는 에너지 자원으로 쓰여.

▶ 그러면 신생대 제 4기는? 이때 만들어진 지층은 시간이 길지 않아서 아직 암석이 되지 못하고 퇴적층으로 존재하는데

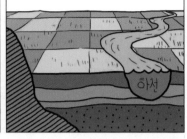

하천이나 해안 주변의 충적층이 이에 해당돼.

자, 이제 지체 구조의 형성을 시간순으로 연결해 보자. 전체 흐름을 이해하는데 도움이 많이 될거야.

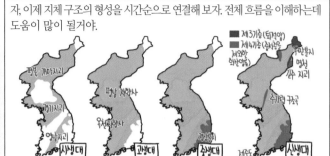

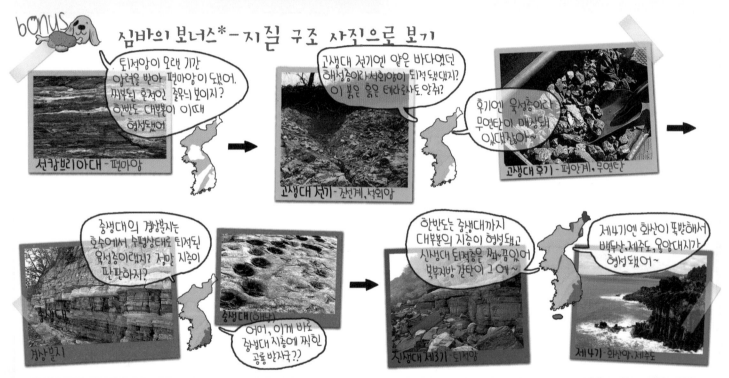

17

한반도의 지각 변동

자, 이번엔 한반도의 지형을 지금의 모양으로 만들어 낸 지각 변동에 대해 배워보자.

지각 변동은 내인적 작용으로 지각이 크게 변하는 것을 말해.

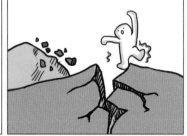

diastrophism

한반도는 중생대~신생대에 여러 차례 지각 변동이 있었는데 이를 정리하면 다음과 같아. 하나씩 살펴보자고.

지각변동	시기	작용 및 결과
송림변동	중생대 초	북부지역 습곡 → 라오둥 방향 지질구조선
대보조산운동	중생대 중기	중·남부 습곡 및 단층 → 중국 방향 구조선 (+화강암 관입)
불국사 변동	중생대말~신생대초	단층작용 활발, 경상분지 쪽 화강암 관입
경동성 요곡운동	신생대 3기말	비대칭적 융기 → 한국 방향 구조선, 경동지형 및 1차산맥형성
화산활동	신생대3기말~4기초	제주도,울릉도, 독도, 백두산 형성, 용암대지 (철원~평강, 신계~곡산)

▶ 송림 변동: 중생대 초기에 북부 지역에 주로 영향을 준 습곡 운동이 일어났는데 이를 근처 지명을 따 송림 변동이라고 해.

습곡 운동은 지각의 심한 굴곡을 만들기 때문에 땅의 약한 부분이 생기게 되지?

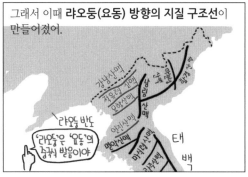

그래서 이때 **랴오둥(요동) 방향의 지질 구조선**이 만들어졌어.

▶ 대보 조산 운동: 중생대 중기에 한반도 전역에 걸쳐 발생한, **가장 격렬한** 지각 변동이야.

그로 인해 **중국 방향의 지질 구조선**이 만들어지고

대규모로 **화강암이 관입**했어. 이를 대보(大寶, 큰 보배) 화강암이라 이름 짓고 이 변동을 **대보 조산 운동**이라 했지.

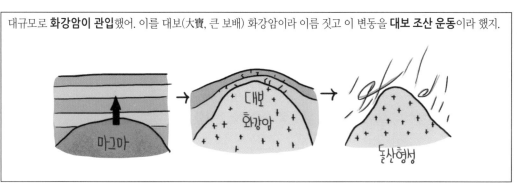

심성암 분포 중 경상 분지 쪽을 제외하고는 대보 화강암이야. 현재는 침식되어 돌산이 된 게 많아.

▶ **불국사 변동**: 중생대 말기에는 **경상 분지 일대의 지각 변동으로 화강암이 관입**했으며 이를 **불국사 화강암**이라고 이름 지었어.

이는 처음 불국사 토함산의 화강암 연대를 측정함으로써 이 변동을 알게 되었기 때문이야.

▶ **경동성 요곡 운동**: 지금까지 보았듯이 한반도는 중생대 때 격렬했던 지각 변동을 받았지만 **이후 오랫동안 침식을 받아 평탄**해졌는데

신생대 제3기에 동해 쪽에서 강한 **횡압력**을 받아서

태백산맥과 함경산맥을 중심축으로 비대칭의 **동고서저 지형**이 만들어졌어.

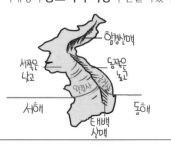

이를 **경동성 요곡운동**이라고 하는데, 우선 요곡운동은 휘어져 굽는 운동이란 뜻이야. 넓은 범위에 걸쳐 지각의 상하 운동이 일어나 지각이 완만하게 휘어지는 거지.

橈 曲 運 動
휠요   굽을곡   운동

곡류
습곡

이때 지금처럼 좌우의 힘의 크기가 다르거나 지질에 차이가 있으면 지각의 부분마다 융기량이 차이가 나는데

한쪽으로 기울어 요곡운동이 일어났기 때문에 경동성이라는 말이 앞에 붙는 거야.

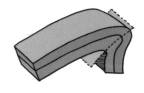

傾 動 性
기울 경   움직일 동   성질 성

경사
경향

▶ **화산 활동**: 마지막으로 신생대 말기에는 화산 활동이 일어나 제주도, 울릉도, 독도, 백두산 및 용암 대지를 형성하는데

😊 **향사* 배사***   向(향할 **향**) / 斜(기울 **사**) 경사 : syncline / 背(등, 등질 **배**) / 斜(기울, 골짜기 **사**) 경사 : anticccline

명명백백 more

물결 모양으로 기울어진 습곡 구조에서 **골짜기 부분을 향사**라고 해. 기울다는 의미의 사(斜)는 아래쪽으로 향하는 방향성까지를 포함해. 그게 중력의 이치니까. 즉, '향사'는 기우는 쪽으로 향하는 것, 즉 골짜기 쪽으로 향하는 구조를 뜻하는 거지. 반대로 **봉우리가 되는 부분을 배사**라고 해. **자연스럽게 떨어지는 경사의 방향과 반대되는(등지는) 구조**잖아? 그러니 '배사'라고 하는 거지. 그런데 앞에서도 말했듯이, **오히려 배사는 약하고 향사는 단단해. 결국 배사가 골짜기가 되고 향사가 봉우리가 되는 경우가 많으니 주의**하렴. 겉과 속구조가 전혀 달라지지?

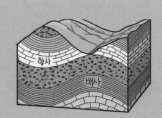

밀가루 반죽 덩어리를 칼로 자르면? 다시 붙여 둔다고 해도 선이 생기겠지? 이를 경계로 밀가루 반죽은 두 덩어리 구조로 나눌 수 있을 거야. 땅덩어리도 마찬가지! **지각 변동으로 지각의 구조가 변형되면 약한 부분이 생기게 되거든.** 단층선처럼 지각이 끊어지거나 습곡의 배사처럼 약한 지각에 균열이 생길 수 있어. **이 경계를 중심으로 지질의 구조가 달라지기 때문에 그 경계를 지질 구조선이라고 하는 거야.** 이곳은 풍화와 침식에 약하기 때문에 골짜기가 잘 만들어져. 그래서 이곳은 골짜기 곡(谷)자를 써서 **구조곡(谷)**이라고도 하지. 추가령 구조곡이라고 들어봤지? 구조곡이 원산에서 서울에 이르는 추가령이라는 고개를 통과하기 때문에 붙여진 이름이란다.

18 지구대

rift valley

방금 전 모어에서 구조선을 했지? 그런데 이와 비슷한 것이 '지구대'야.

지구대란 푹 꺼진 지구 지형이 길게 이어진 곳이라고 했잖아!

地溝帶
띠(대)
나 현대 또 꺼냈다고~

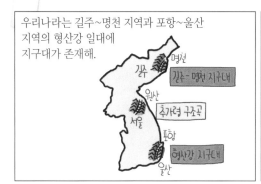

우리나라는 길주~명천 지역과 포항~울산 지역의 형산강 일대에 지구대가 존재해.

구조곡과 지구대는 이처럼 형성된 원리는 다르지만

구조곡
지질구조선
구조적으로 약한 부분의 침식, 풍화

지구대
단층
(횡압력, 장력)

상대적으로 고도가 낮은 곳이 되기 때문에 예로부터 교통로로 이용 되어 왔어.

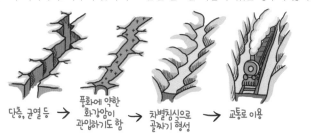

길주 · 명천 지구대를 따라 함경선, 형산강 지구대를 따라 동해 남부선 철도가 지나가지. 좌우가 좁아 주로 단선 선로만 지날 수 있는 경우가 많아.

단층, 균열 등 → 풍화에 약한 화강암이 관입하기도 함 → 차별침식으로 골짜기 형성 → 교통로 이용

그래서 동해남부선 복선화를 위해 지구대쪽 선로가 최근 폐선되었어. 대신 산책로 등으로 활용되고 있지.

조심해 심바 일부 구간은 운행중이야

심장생!! 폐선 이래매!!

명명백백 Special4) 지질 시대와 지질 계통

ㅋ 나는 알고 있지. 너희들이 이 표를 싫어한다는 것을. 하지만 명명백백의 위력을 발휘해 주마. 이 표가 곧 한눈에 쏙 들어올테니. 거기다 여전히 아리송한 50~52장의 이해도 더욱 단단해질 거라고!

우선 이 표는 지질 시대와 지질 계통을 함께 나타내서 비교할 수 있도록 정리한 거야. 지질 시대? 지질 계통? 이런 용어부터 확실히 잡고 가야해!

둘 다 지구의 역사를 파악하는데 쓰이는 용어이지만 **지질 시대는 시간을 구분**한다면 **지질 계통은 지층, 혹은 그것을 구성하는 암석을 구분**하여 놓은 거야. 인간의 생애를 유아기, 아동기, 청소년기, 장년기, 노년기 등으로 구분을 하고 각 시기마다 신체적인 특징이 다르잖아. 마찬가지로 지구도 만들어진 이후부터 46억년이 지난 지금까지 많은 변화를

연대	6천5백만년전		2억4천5백만년전			6억5천만년전						20억년전이상	
지질 시대	신생대		중생대			고생대						선캄브리아대	
	제4기	제3기	백악기	쥐라기	트라이아스기	페름기	석탄기	데본기	실루리아기	오르도비스기	캄브리아기	원생대	시생대
계통	제4계	제3계	경상계	대동계		평안계			결층		조선계	상원계	편마암·편암계
지각 변동	↑화산활동	↑요곡단층운동	↑불국사변동운동	↑대보조산운동	↑송림변동운동 / 화강암 관입		↑소로오산운동					↑변성작용	↑변성작용

겪었기 때문에, **시기를 구분하고 시기별 특징을 파악하려는 연구**가 이루어졌어. 아니 그럼 몇억년전, 몇천만년전 뭐 이렇게 숫자로 나누면 될 것을 트라이아스기니 쥐라기니.. 생소한 이름을 붙여야 하냐고? 그건 방사성 동위 원소로 연대를 측정하는 기술이 등장하기 전에 지구의 변화와 환경을 알려주는 가장 명확한 증거가 바로 **지층 속에 묻힌 화석이나 대규모 지각 변동**이었기 때문이란다. 이를 기준으로 지구의 시기를 토막냈기 때문에 따로 이름이 붙는 거지.

화석이란 결국 흙 속에 묻혀서 보존이 되잖아. 따라서 퇴적된 흙의 층, 즉 지층 또한 지구의 역사를 파악하는 데 중요한 자료지. 지층은 오랜 세월 압력을 받으면 **퇴적암이 될테고 이러한 암석층을 시기별로 구분하였는데**, 이를 **지질 계통**이라고 해. 한반도가 큰 지각 변동을 받을 때마다 다른 종류의 지질이 형성되어 추가되었기 때문에 한반도의 지질 계통에는 한반도의 특성을 반영한 이름이 붙었어. 우리가 51장 <지체 구조>에서 배운 것이 바로 지질 계통이지. 50장 <지질 구조>에 설명된 **지질이 현재의 지질 분포를 중심으로 분석**되어 있다면 **지질 계통은 한반도 지각의 역사를 가로지르는 거시적인 입장에서 구분**한 거야. 그래서 지엽적인 암석의 변화보다는 하나의 지질 시대를 걸칠 만큼 넓고 오랜 기간 동안 형성된 지층의 성격을 알려 주는 거지.

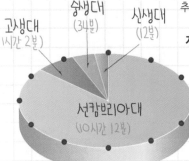

한편 52장 지각 변동은 주로 이러한 변화를 있게한 움직임에 초점을 맞춘 부분이야. 바로 **그 움직임이 한반도 지질이나 지체 구조에 큰 변화를 있게 한 원인**이며 그 결과로 지질 계통이 달라지는 것이겠지. 지각을 구성하는 지질을, 지구의 역사를 시간별로 쪼개놓은 지질 시대와 연결시키고 거기다 중요한 지각 변동까지 함께 나타내 주니 언제 어떻게 한반도가 형성되었는지 한눈에 들어오지 않겠어? 오히려 우리는 이 표에 고마워해야 한다고!

자, 본격적으로 저 표에 나오는 생소한 용어들을 명명백백식으로 풀어줄게. 지질 시대를 지나면서 지질 계통과 지각 변동을 함께 아우르는 것이 좋으니 말이 길더라도 침착하게 읽기만 하라고. 다 이해된다니까~

선캄브리아기** 先 (이전 선) 선대, 선조 / Cambrian / 期 (기간 기) Precambrian Era

선캄브리아기는 고생대 가장 처음 시기인 **캄브리아기의 이전에 나타난 시기**이기 때문에 붙여진 이름이야. 파이 차트에서 보듯이, 선캄브리아기는 매우 길기 때문에 이 시기를 **시생대(始 처음 시 / 生 날 생 / 代 시대 대)와 원생대(原 근원 원)**로 나눠. 둘 다 지구 역사의 가장 오래된 시기라는 뜻이야. 시생대는 매우 오래전의 시기이기 때문에 그 시대에 만들어진 암석은 오랜 세월 열과 압력을 받아 성질과 구조가 많이 변화되었겠지? 이러한 **시생대 변성암**에는 압력의 방향에 따라 판상이나 줄무늬가 나타나는 **편마암과 편암**이 대표적이야. 그래서 이 시기의 지질 계통을 **"편마암·편암계"**라고 부르지. 우리나라는 오래된 안정 지괴라 이 시기의 지질이 가장 널리 분포한다는 것도 기억나지? 원생대에도 마찬가지로 변성 작용이 나타나는데, 이러한 작용을 받아 만들어진 지질 계통이 **"상원계"**야. 상원(祥原)은 평안남도에 위치한 지역 명칭인데 한반도 북부에 널리 분포하는 원생대 지층을 상원계라고 부르게 되었단다. (앞에서도 말했지만, 한반도 지질 계통의 이름은 그 지층이 특정 지역 중심으로 분포할 경우, 지명을 따는 것이 보통이거든.)

고생대는 **퇴적암류가 우세하게 나타나고 선캄브리아기보다 무척추동물의 화석**이 많이 발견돼. 크게 6기로 나뉘는데 각 시기의 이름은 주로 **지층이 발견된 지역의 명칭**을 따서. **캄브리아기(Cambrian period)**는 고생대 최초의 시기인데 영국 웨일즈 지방에서 이 시기의 지층이 잘 나타나 붙여진 이름이야. 웨일즈 지방을 라틴어로는 Cambria라고 하거든. 두번째 **오르도비스기(Ordovician Period)**의 지층이나 세번째 시기인 **실루리아기(Silurian Period)**도 영국 웨일즈 지방에서 발견된 지층에 이름을 붙인 것인데, 이 지역에 살던 오르도비스 족과 실루레스 족의 이름에서 유래했어. 네번째 시기인 **데본기(Devonian period)**는 영국의 데본시 지방에서 발달한 지층이었고, 다섯번째 시기인 **석탄기(Carboniferous period)**는 탄소(carbon)로 이루어진 석탄이 많이 매장되어 있는 지층이야. 마지막으로 **페름기(Permian Period)**는 우랄 산맥의 서쪽에 자리한 페름시 부근에서 잘 발달된 지층이었어. 이런 이름들을 외울 필요는 없으니 그냥 그런가보다~하고 넘어가렴. 한편 이 시기의 한반도 지층인 조선계(전기)와 평안계(후기)는 앞에서 자세히 했으니 패스~

중생대는 전반적으로 **기후가 온난해서 생물들이 많이 번성**했기 때문에 암모나이트 등의 화석이 풍부하게 매장되어 있고, 특히 공룡과 같은 파충류가 주름잡던 시기야. 크게 3시기로 나뉘는데 첫번째 시기인 **트라이아스기(Triassic Period)**야. trias는 독일어로 3인데, 이 시기에 독일에서 발견된 지층은 하부에 육성층, 중부에 해성층, 상부에 육성층 등 세 개의 층으로 뚜렷하게 구분이 되거든. 두번째 시기인 **쥐라기(Jurassic Period)**의 지층은 프랑스, 스위스, 독일에 걸쳐있는 쥐라 산맥에서 잘 발달하여 이름이 쥐라기라 불려. 중생대의 마지막 시기에 형성된 지층은 백악(白 흴 백/堊 흰 흙 악), 즉 흰색의 석회질 암석으로 이루어져있어. 그래서 이 시기를 **백악(Cretaceous period)**라고 부르지. Cretaceous가 라틴어로 chalky(백악질의, 분필 가루의)라는 뜻이거든.

한반도는 중생대에 지각변동을 여러 번 받았다고 했잖아. 지각변동의 지층이 형성되는 과정을 단절시켜서 다른 종류의 지층이 만들어지도록 해. 중생대 초기에 송림변동에 의해 평남 지향사가 육지화되고 나서 한반도 여러 지역에 퇴적분지들이 만들어지는데 중생대 중기에 퇴적된 육성층을 **"대동계" 지층**이라고 해. 평양 부근 대동(同)강 주변에 분포하는 중생대 중기 지층을 대동계로 명명하였는데 평양 부근 뿐만 아니라 경기도 김포, 충남 보령, 충북 단양, 경북 문경 등지에도 분포하지. 이는 육성층이라 무연탄이 매장되어 있기도 한데, 우리나라에서는 그 분포 범위가 미미하단다. 그래서 앞에서는 자세히 다루지 않았지. 대동계 지층이 형성되는 와중에 한반도가 대보 조산 운동을 크게 받아 이후 영남지방을 중심으로 **"경상계" 지층**이 형성된단다. 이건 경상분지에서 했지? 중생대 말인 백악기에는 환태평양 지역에서 화산활동이 활발했기 때문에 경사계 지층에 화성암이 관입 해서 불국사 화강암이 만들어지기도 했지.

지질 시대의 다섯 시간대 구분 중에서 가장 최근의 것이야. 이는 **제 3기와 제 4기**의 2기로 구분돼. 왜 1기와 2기가 없는지는 앞에서 설명했지? 기억이 안난다면 습곡 산지 편으로 가보라고. 이때에는 중생대의 파충류나 공룡류 등은 전멸하고 포유류, 조류, 어류 등이 번성했어. 우리나라는 이 시기의 지층은 많지 않지만 경동성 요곡 운동의 지각 변동은 경동 지형이라는 한반도의 큰 지형적 특성을 만들었기 때문에 중요해. 또한 제 4기에는 화산 활동이 일어나 제주도, 백두산, 용암 대지 등의 지형이 형성되었어.

명명백백 Special 5) 해수면 변동과 관련된 개념 정리

물론 과격한 변동에 의해서도 지형이 형성되지만, 지구의 기후가 변하는 것도 해수면을 오르락 내리락 하면서 지형 발달에 큰 영향을 미쳐. 이 부분도 어려워하는 애들이 많기 때문에 본문으로 들어가기 전에 이해해 두어야 할 개념들을 정리해 보았어.

빙하** 氷 (얼음 빙) / 河 (하천 하)   glacier

육지를 흐르는 물을 河(하천 하)라고 한다면 빙하는 **육지를 흐르는 얼음**이겠지. 추운 기후에서는 **눈이 녹지 않은 채 오랫동안 쌓여 다져서 육지의 일부를 덮게 되고 이는 중력 때문에 아래로 천천히 흘러내려.** 남극 대륙을 덮고 있는 빙하같은 대규모의 빙하는 대륙 빙하, 혹은 빙상(氷床)이라고도 해. 지구 전체의 입장에서 보면 순환하는 물의 양은 일정해. 물이 대기권 밖으로 튀어나가지도, 없던 물이 생겨서 물바다가 되지도 않는다는 거야. 그런데 지구의 수분이 얼음의 형태로 육지에 찰싹 달라붙어 있으면 당연히 상대적으로 바닷물의 양이 줄 수 밖에. 그래서 **빙하가 확장하면 해수면 하강, 빙하가 녹으면 해수면 상승**인거야.

빙기와 간빙기** 氷 (얼음 빙) / 期 (기간 기), 間 (사이 간)   ice age & interglacial epoch

빙기는 기온이 하강하여 빙하가 확장되는 시기야. 지구의 기온은 주기성을 띠며 **빙기와 빙기 사이에 비교적 따뜻한 시기**를 갖는데 이를 **간(間)빙기**라 하지. 빙기와 간빙기의 오랜 반복을 '빙하 시대'라고 하고. 현재 지구는 빙기가 끝나고 온난한 시기에 있어.

하지만 우리가 다음 빙기에 대해 알 수 없기 때문에 '간빙기'라는 말은 적절치 못할 거야. 그래서 현재는 최후 빙기 이후의 시기라는 뜻으로 '후빙기'라는 표현을 쓰고 있으니 함께 알아두자.

'아이스 에이지'라고
ice age
내가 나온 영환데
빙하기 애기야. 봤냐?

이래뵈도
헐리웃스타 *

52

침식 기준면

침식은 물이 흘러야 일어나는 것이잖아. 물의 흐름이란 결국 중력에 의한 것이니 언젠가는 그 **흐름이 정지하는 지점**이 나타나면 침식 작용도 멈출 거야. 이를 **침식 기준면**이라 해. 일반적으로 이곳은 **해수면**이지. 하천은 최종적으로 바다로 유입될 때까지 흐르니까. 만약 해수면보다 낮은 곳에 하천이 있다면 바닷물이 역류하면서 퇴적되어 버리기 때문에 침식은 불가능해. 그러면 해수면 전까지 하천은 침식을 계속한다는 건데, 이때 침식을 하는 방향에 따라 하방 침식과 측방 침식으로 나누어 볼 수 있어. 반드시 그 쪽으로만 일어난다는 것은 아니고 상대적으로 어느 방향이 우세하느냐의 문제일 뿐!

침식의 방향**

↑ 간빙기(후빙기) 때 우세한 침식의 방향

하방침식** 下 아래 하 / 方 방향 방 / 侵蝕 침식 : deepening

아래 방향으로 침식하는 것이지. 그럼 강바닥은 당연히 깊어지겠지? 그래서 영어로는 deepening! 하천은 기본적으로 침식 기준면과 가까워지려고 하기 때문에 **침식 기준면과의 차이가 큰 곳일수록 하방 침식이 활발**해.

측방침식** 側 옆 측 측면 / 方 방향 방 / 侵蝕 침식 : lateral erosion

유수가 하천의 **좌우 측면을 침식**해 나가는 것이로군. **하천이 평탄한 지형이나 침식 기준면과의 차이가 적은 곳을 지날 때** 나타나. 이들 지역에서 하천은 측방 침식력이 커져 하도(河道)가 넓어지면서 구불구불해져. 하천은 흐름의 바깥쪽의 속도가 더 높음으로써 본능적으로 곡류하게 되어 있거든.

신생대 제4기 초부터 약 1만년 전까지 지구에는 빙기와 간빙기가 반복적으로 찾아오면서

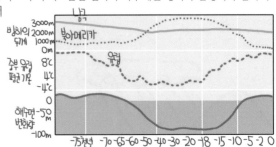

이에 따른 해수면 변동과 외인적 작용에 의해 현재의 소지형들이 만들어졌어.

여기는 지형에서 까다로우면서 중요한 부분이야.

특히 빙기와 간빙기(후빙기) 때의 작용을 잘 구분해서 정리해 두도록!

빙기에는 날씨가 추워 하강 기류가 발달하고 이에 따라 강수량이 줄어들게 돼.

공기가 하강하면 있던 구름도 사라져

하강기류

당연히 하천의 유량도 줄어 하천 운반력이 감소하겠지.

에구구, 뭔가를 실어나를 힘이 부족해

그런데도 **빙기의 하천 상류는 퇴적이 활발하고 하류는 침식이 활발**하단다.

아! 상류가 침식, 하류가 퇴적이냐? 우쒸, 헷갈리게스리...

이때 지금과 전혀 다른 환경의 빙기라고!

한랭건조한 빙기에는 식생이 빈약하기 때문에 산 사면의 물질을 잘 고정시키지 못하고

날씨가 너무 추워서 살 수가 없어

땅 속 수분은 얼었다 녹았다를 반복하면서 암석을 부스러뜨리기 때문에 **물리적 풍화가 활발**해.

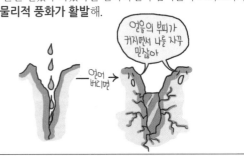

얼음의 부피가 커지면서 나를 자꾸 밀잖아

얼어 버리면

결국 산 사면의 물질들이 하천 으로 밀려 내려오지만 적은 유량의 하천은 이를 쓸어내지 못하고

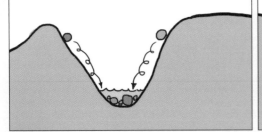

하천 상류에서 그대로 퇴적되면서 하천의 바닥이 평평해지고 고도가 높아져.

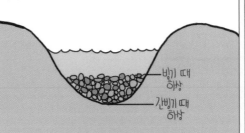

빙기 때 하상

간빙기 때 하상

이를 **하상 고도가 높아진다**고 하지.

河床

물 하   마루 상

평상

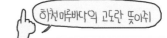

하천 마루바닥의 고도란 뜻이쥐

한편, **빙기**에는 지구상의 많은 수분이 빙하로 얼어붙기 때문에 **해수면이 낮아**진댔지?

최후빙기 때에는 지금보다 100m나 낮아 한중일이 모두 육지로 연결되었었지.

이는 곧 하천의 침식기준면이 낮아지는 것을 의미하기 때문에 **하류라고 하더라도 하방 침식력이 활발**하지.

특히 하류에서는 어느 정도 수량도 확보되기 때문에

침식 작용이 활발해서 **넓은 골짜기와 하안 단구**가 만들어져.

정리하면 빙기에는 **상류는 퇴적 활발 , 하상 고도 상승 / 하류는 침식 활발, 하상 고도 하강**이 되는거야.

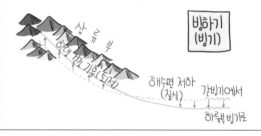

20
신생대 제4기
간빙기
interglacial age

간빙기는 빙기 사이의, **온난하고 습윤**한 기후지?

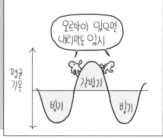

이때는 식생이 잘 자라고 하천으로 공급되는 산 사면의 물질이 줄어 들게 돼.

거기다 강수량이 늘어나면 하천 유량도 함께 늘어나기 때문에

하천 상류에서 하천의 침식 작용이 활발해지고

깊은 골짜기와 하안 단구가 만들어지지.

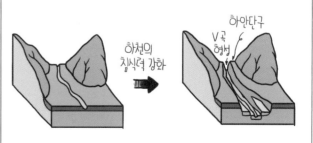

55

한편, 간빙기 때 기온이 상승하면서 빙하가 녹아 **해수면이 상승**하는데

이는 곧 하천의 침식 기준면이 상승했다는 것을 의미하기 때문에 **하류에서는 퇴적 작용이 활발**해.

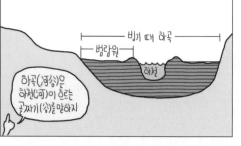

즉 빙기 때 만들어진 넓은 하곡이 하천 퇴적물로 메워지고 넓은 **범람원**이 만들어지지.

정리하면 **간빙기(후빙기)**에는 **상류는 침식 활발, 하상 고도 하강 / 하류는 퇴적 활발, 하상 고도 상승**이 되는 거야.

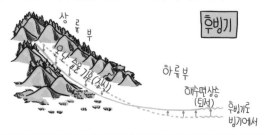

또한 황·남해안처럼 큰 강이 흐르는 지역은 해수면이 상승하면서 하곡에 바닷물이 들어와

해안선이 복잡한 **리아스식 해안 (Rias coast)**이 만들어졌어.

동해안에서는 해수면 상승으로 인해 퇴적지형이 발달하면서 사주가 형성되었는데

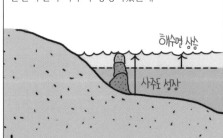

이때 사주가 만의 입구를 막아서 **석호**가 만들어졌지.

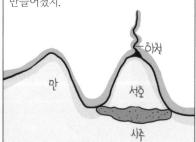

여기서 언급된 지형은 지금은 잘 몰라도 돼. 아직 안해서 모르는 것일뿐! 이제부터 하나씩 해나가게 될테니.

21

우리나라 산지의 특색1-
구릉성 산지

QUIZ~ 고도가 높아 고랭지 농업, 목축업, 관광지로 활용되고

각종 임산 자원과 지하 자원이 풍부하며

댐을 건설해 물 자원과 전력 공급처로 이용될 수 있는 곳은?

산지지! 아까 다 했던 거잖아. 이제부터는 우리나라의 산지에 대해 공부해 보자고!

우선, 우리나라는 국토의 70%가 산지긴 하지만 **대부분이 완만한 기복의 저산성 산지들**이야.

높고 험준한 산지도 **풍화와 침식**을 받으면서 **평탄화**되기 마련이므로,

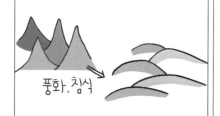

우리나라 같은 노년 지형의 산지들은 주로 저산성 산지가 되지.

이를 '언덕'이란 의미로 **구릉선 산지**라고 해. 보통 해발 고도 500m이하의 산들을 기리키지.

이곳은 주로 **밭이나 과수원, 계단식 논** 등으로 이용된단다.

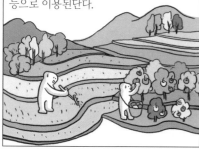

또한 저산성 산지 중 **풍화에 강한 곳이 오랜 침식을 견디고 남아 산을 이룬 것을 잔구성 산지**라고 하여 구분하기도 해.

북한산, 계룡산, 무등산 등이 있으며, 주로 돌산이 많단다.

우리나라 산지의 특색2 –
경동 지형

tilted land

기울다(경)+움직이다(동)! 경동 지형은 **땅의 모양이 기울어 움직인 형태**를 띠는 거야.

傾 動 地 形

기울 **경** 움직일 **동** 땅 **지** 모양 **형**

경사 　 운동
경향 　 이동

우리나라가 **신생대 3기의 경동성 요곡 운동**에 의해 태백산맥과 함경 산맥을 축으로 융기된, **동고서저(東高西低)의 경동 지형**이라는 것은 지각 변동에서 이미 설명한 내용이야!

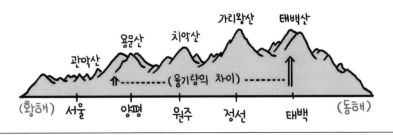

그리고 이 때문에 남쪽과 서쪽으로 갈수록 **평야 율이 높고 규모가 크고 긴 강들은 대부분 황해와 남해로 흐르면서**

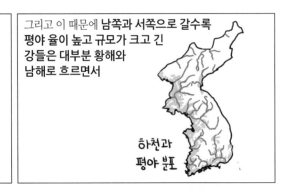

하천과 평야 분포

인구도 남서쪽에 집중되었어.

인구 분포

한편 수력 발전의 경우에는 동해로 흐르는 수로가 유리하겠지?

그래서 강의 수로를 낙차가 큰 쪽으로 변경하는 **유역 변경식 발전**도 이 지형 때문에 건설하게 된 거야.

참, 그런데 마침 융기된 축이 동쪽이다 보니까

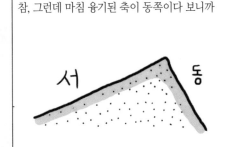

경동 지형의 동을 동쪽 동(東)자로 알고 있는 놈도 있더라니까 --;;

뭐? 그게 너였다고?

23 고위 평탄면

plateau

'고원'에서도 잠깐 언급했지만, 우리나라 **강원도 일대의, 고도가 높고 평탄한 산지를 고위평탄면** 이라고 해.

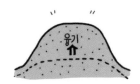

高位平坦面

높을고 위치위 평탄 면

신생대 제3기 요곡 운동에 의해 **평탄하던 지형이 융기**하여 **고위 평탄면**이 되었지. 침식면이 높은 위치에 있는 것이기 때문에 **고위 침식면**이라고도 하지.

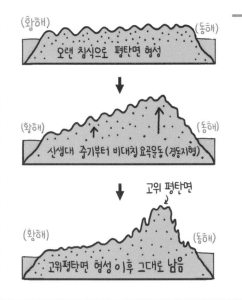

다음 지형도는 대표적인 고위 평탄면인 대관령 부근의 영서 고원이야.

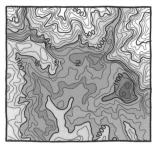

주변 급경사 산지보다 등고선 간격이 확실히 넓지?

이곳에서는 고도가 높아 **여름철에 서늘한 기후**를 이용해

배추, 무, 감자 등을 재배하는

고랭지 농업이 발달했지.

高 冷 地

높을**고**   서늘할**랭**   땅**지**

한**랭**
냉장고
냉대

고랭지 농업의 장점은 기온이 낮아 과수나 채소의 **병충해가 적고**

평지와 수확 시기가 달라 높은 수익을 꾀할 수 있다는 거야.

또 자연적 조건 뿐만 아니라

사회적 조건이 받쳐주면서

'대관령 목장'이 목장의 대명사가 될 정도로 **목축업도 활발**하지.

그런데 최근 산지를 개간해 농지로 만드는 사례가 늘다 보니 **토양 침식 문제**가 심각해지고 있어.

또 대관령 지역에는 최근 대규모 풍력 발전 단지가 조성되기도 했단다. 한번 놀러 가보렴~

높으니(高) 겨울에는 스키장으로, 서늘하니(冷) 여름에는 피서지로도 활용된다는 것은 말 안해도 알지?

24 산지의 형성

자, 앞서 배운 지형 형성 작용 복습! 한반도는 **중생대에 여러 차례 단층 및 습곡 운동을 동반한 지각 변동**을 받은 후 **장기간의 침식 작용으로 평탄**해졌다가 **신생대 제3기에 경동성 요곡 운동**을 받아 동해안 쪽으로 치우쳐 융기했다고 했잖아!

이제부터 산지의 형성 작용을 공부할거든. 그러니 당연히 지형 형성 작용을 복습하는 셈이지.

지금 얘기한 이 과정은 현재 한반도 지형의 큰 틀인 산맥이 만들어지는 데 있어 결정적 역할을 한 사건들이야.

특히 가장 나중에 있었던 **요곡 운동으로 지반이 융기하면서 낭림, 태백, 소백, 함경, 마천령 산맥이 형성**되었는데

이처럼 **지각 변동에 의해 직접적으로 만들어진 험준한 산맥을 1차 산맥**이라고 불러.

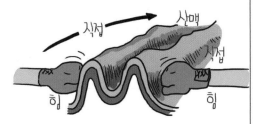

1차 산맥은 지각 변동을 직접 받은 만큼 **해발 고도가 높고 연속성이 뚜렷**한 것이 특징이야.

그래서 두드러진 **지역의 경계**가 되어 **기후의 차이**를 유발하기도 하고

교통의 장애가 되어 **생활권**을 나누었어.

태백산맥에 스위치백이나 루프식 같은 **특수 철도 시설**을 마련한 것도 산맥이 높고 험하기 때문이지.

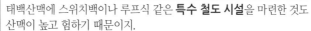

한편, 요곡 운동 이전에, 중생대의 격렬한 지각 변동으로 한반도에는 이미 **랴오둥 방향과 중국 방향의 지질 구조선**들이 만들어졌는데

이들은 땅 속 깊은 곳까지 형성되었기 때문에 한반도가 평탄화되고 요곡운동으로 융기한 이후에도 땅 속에 남아 있었어.

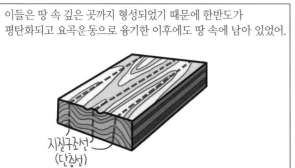

높아진 산지는 풍화와 침식 작용으로 다시 평탄화되기 마련! 융기한 한반도도 같은 과정을 겪기 시작하는데

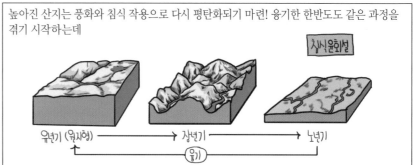

이때 풍화와 **침식에 약한 지질 구조선이나 암석**이 먼저 파여 계곡이 되고, 그 사이는 산맥으로 남았지.

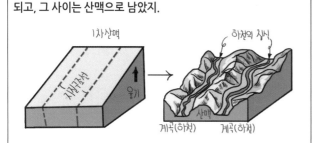

그래서 큰 하천들을 보면 이러한 지질 구조선을 파면서 황해로 흘러 들고 있어.

이렇게 **한반도가 차별 침식 받는 과정**에서 상대적으로 강한 부분이 남아 형성된 산맥을 **2차 산맥**이라고 불러.

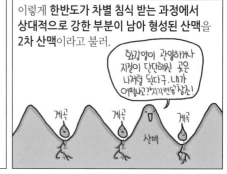

조산 운동에 의해서가 아니라, 한반도가 평탄화되는 과정에서 2차적으로 만들어진 산맥이지.

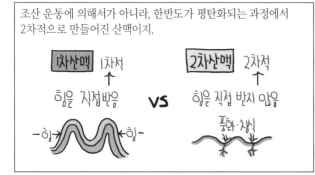

한반도에서 1차 산맥 이외의 산맥들이 2차 산맥인데

1차 산맥에 비해 **험준하지도 않고 산줄기도 뚜렷하지 않아서** 지역간 경계나 교통의 장애가 되지 않는 경우가 많아.

조기로 흐르던걸 요기로 변경해서 낙차를 크게하는거야. 구조도를 보니 이해되지?

유역변경식 발전 구조도(강릉발전소)

이런 야산은 어느 동네나 흔히 있잖아?

자구성 산지 (충청도)

앞에서 배울건데 기억나? 심성암이 관입한 뒤 침식되어 돌산이 많다는거

돌산(북한산)

여기 배추는 가을 말고 여름에 출하돼서 비싸게 팔린다지?

고위평탄면 (고랭지 농업, 태백)

너넨 넓은 목초지에 서늘한 기후. 나는 좁은 학원에서 에어콘도 없고...

고위평탄면(대관령 양떼 목장)

25 산맥도와 산경도

우리는 지금까지 지질 구조를 파악하고 지각 변동을 예측하면서 다음과 같은 산맥도를 완성하였어. 그렇다면 저 산맥도의 위치대로 산이 솟아나 있을까? 정확히는 아니야. 지금까지 공부해서 알겠지만 **산맥도는 땅 위보다는 땅 속의 구조를 파악하여 얻은 결론**이라고.

그래서 **산맥도를 통해서는 지각 변동 과정이나 지하 자원 등을 예측**하는데 유리해.

저 산까지 고생대 편안계 지층이 융기하거라 무연탄이 묻혀있을거야

허..어케 알앗지..?

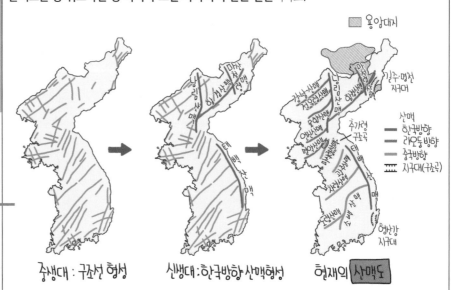

중생대 : 구조선 형성 → 신생대 : 한국방향 산맥형성 → 현재의 산맥도

반면 실제로 땅 위에 솟아 있는 산줄기는 **분수계로 산지 체계를 파악한 산경도와** 일치해. 산경도는 인문지리편 1. 국토 챕터에 상세히 설명되어 있으니 참고하길 바래.

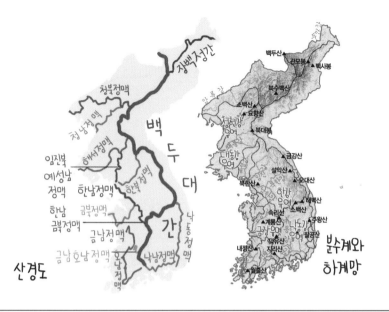

산맥도가 자원 수탈을 위해 일제 지질 학자가 만든 것이다보니 많은 학생들이 부정적인 생각을 갖고 있는데

지하자원을 싹쓸이 하려면 ㅋㅋ

뭐가 더 좋고 나쁘고의 문제가 아니야. 다른 관점과 목적에서 쓰여지고 달리 활용되는 것일 뿐!

산맥도	산경도
땅 속 지질구조	땅 위 산세
지형 및 산맥 형성 원인 반영	분수계 반영
지하자원 파악 good	하천 및 생활권 파악 good
by 일제 수탈 목적	by 전통 지리관

26 흙산과 돌산

earthy mountain &
rocky mountain

산에도 종류가 있는 것 알고 있니?

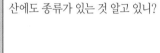

바로 흙산과 돌산이야.

넌 흙수저 아냐?

여이! 돌대가리!

일단 흙산은 말 그대로 **두터운 흙이 기반암을 덮고 있는 산**을 말해.

내안에 흙있다..

기반암 위의 흙이 두텁다는 건 그만큼 암석이 잘게 부숴졌다는 뜻이니 오랜 풍화 작용을 거쳤겠지?

오래되었다는 것은 어찌 되었건 변성암이 풍화된 것일 거고..

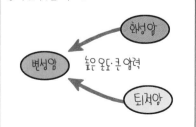

화성암
변성암 ← 높은 온도·큰 압력
퇴적암

그래, **시원생대에 형성된 암석이 오랜 세월 열과 압력을 받아 변성암이 되었다가 또 오랜 시간 풍화되어 형성되는 게 바로 흙산**이지.

우리나라에 많이 분포하는 변성암인 편마암과 화강암을 비교해보면,

편마암이나 화강암이나 둘다 단단하긴 하지만 편마암이 화학적 풍화에 더 약해.

편마암은 풍화되면 점토질의 고운 입자로 부숴 지는 반면 화강암은 거친 모래질이 되지.

이것은 응집력과 점성이 높기 때문에 **기반암에 두꺼운 토양층을 형성**하게 돼.

이렇게 흙산은 보수(保水) 능력이 좋은 점토층이 발달하니 식생에 유리하고

홍수 예방에도 아주 좋지.

우리나라에서 대표적인 흙산은 지리산, 오대산, 덕유산 등이 있어.

반면에 돌산은 말이지, 지각변동 편에서 우리나라는 중생대 때 마그마가 땅속으로 관입했다 굳어져 화강암이 되었다고 했잖아? 대보조산운동 말이야! **화강암이 관입한 후 풍화와 침식이 진행되면서 화강암이 드러나는데,** 화강암은 모래 알갱이로 부서지기 때문에 빗물에 잘 씻겨 내려가. 그러다보니 돌산이 계속 드러난 채로 있는 거야.

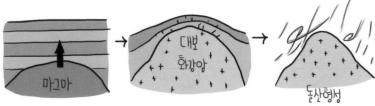

마치 머리칼은 모두 날라가고 점점 대머리가 되어가듯이.

으.. 못볼걸 봤으..

돌산은 흙이 거의 없기 때문에 식생이 발달하기 어려운 대신

야, 돌덩이에 어떻게 뿌리를 내려 지못미..

높은 바위로 멋진 경관을 이뤄.

야―호

와우! 경치좋고~

상대적으로 오랜 기간 풍화된 게 아닌만큼 산세가 험하고 암벽등반하기도 딱이지.

너말야, 나 떨어지면 줄 잘라서 너만 살꺼지?

그래서 크고 험한 산을 의미하는 악(嶽)자가 포함되는 경우가 많은데, 악(嶽)자가 없는 금강산, 북한산도 돌산이니 주의하시고~

관악산 무악산
설악산 嶽
북악산 치악산

흙산(변성암, 시원생대)과 돌산(화강암, 중생대)의 생성시기 및 암석의 종류는 매우 중요한 부분이니 꼭 기억해!

그리고 산지 지형이 끝나긴 했지만 여기서 멈추지 말고 인문지리편에서 산지 지역에서의 생활 부분을 함께 봐두길 바래!

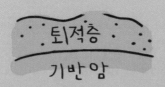

5분준다~

다 까먹기 전에!!

악! 만국아!

으아~ 이 시끄

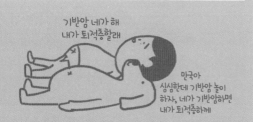

기반암*

其 (기본 기) / 槃 (받침 반) 쟁반 / 岩 (바위 암) : bed rock

명명백백 more

토적층
기반암

기반이 되는 암석이란 뜻이지? 같은 의미로 바닥 저(底)를 사용하여 '기저암'이라고도 하지. 지표를 덮고 있는 퇴적층 아래애 토양의 기반이 되는 딱딱한 암석층을 말해. 주로 상대적으로 단단한 화성암이나 변성암의 복합체인 경우가 많아. 영어로 'bed rock'이니까 퇴적물이 누워있는 아래 침대를 떠올려봐. 침대 중에서도 '돌침대'겠네 ^^;;

기반암 네가 해 내가 퇴적층할래

만국아 심심한데 기반암 놀이 하자, 네가 기반암하면 내가 퇴적층하게

65

27

하천

river

산을 배웠으니 이제 강으로 가볼까?

인간이 물 없이 살 수 없지? 그런데 바닷물은 너무 짜서 사람이나 동식물이 직접 이용하기가 힘들어.

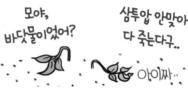

모야, 바닷물이었어?

삼투압 안맞아 다 죽는다구..

아이짜..

그러니 하천이야 말로 육지에 살고 있는 인간 생활의 중심일 수 밖에.

물은 모든 생명의 근원이라구~

벌컥 벌컥

하천은 육지 내에 존재하는 물 중에서 대체로 일정한 유로를 가지며 흐르는 것을 말해. 쉽게, 강 말이야.

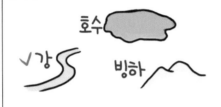

강

호수

빙하

강(江)과 하(河), 천(川)은 모두 같은 의미! 다만 보통 하(河)는 큰 강, 천(川)은 작은 강을 뜻했지. '**하천**'은 **크고 작은 강을 모두 아우르는 말**일테고.

江 = 河 = 川

큰내 **강**　　큰내 **하**　　작은내 **천**

보통 큰 하천이나 본류에는 '강(江)'을, 작은 하천이나 지류에는 '천(川)'을 붙인단다.

한강　　청계천
낙동강　　중랑천
금강　　양재천

하천은 어디서 부터 시작되어 어디서 끝나는 걸까?

비가 내리면 산의 능선은 빗물을 가르는 경계인 **분수계**가 되고,

分 水 界

나눌 **분**　물 **수**　경계 **계**

산사면을 타고 내리는 빗줄기부터 하천이 형성되어 바다로 흘러가면 끝나겠지.

이때 몸통이 되는 큰 물줄기를 **본류**, 본류로 흘러들어가는 곁가지 하천들을 **지류**라고 해.

本 流

근본 **본** 흐를 **류**

枝 流

가지 **지** 흐를 **류**

물이 모여들어 하천이 흐르는 전체 범위를 **유역**이라 하며

流 域

흐를 **유**　영역 **역**

유수　지**역**

지류들과 본류가 만나서 얽힌 이 그물 구조는 **하계망**이라고 한다.

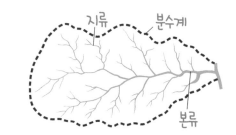

河 系 網

하천 **하**　얽을 **계**　그물 **망**

계통
계파
계열

물은 높은 곳에서 낮은 곳으로 흐르니 지류가 상류, 본류가 하류가 되겠지. 따라서 하류로 갈수록 지류들이 합쳐져 유역 면적과 하천의 폭이 넓어질거야.

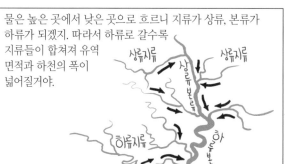

이러한 하천은 생활의 중심지가 될 수 밖에 없어. 우선 각종 용수를 공급받을 수 있고

침식과 퇴적 작용이 활발하기 때문에 주변엔 평야가 많아서

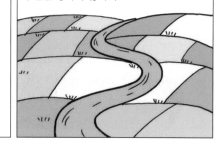

농경이 이루어지고 문명이 발전하며 도시가 발달하게 돼.

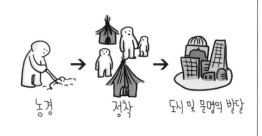

그래서 분수계를 경계로 생활권이 달라지는거야.

또한 하천을 통해 운반하는 수운은 중요한 교통로였어. 특히 내륙 교통이 발달하기 전까지는 물자 수송을 담당했지.

水 運

물 **수**　운반할 **운**

내륙 교통이 발달한 지금도 수운으로 이용되는 하천도 많아. 라인강처럼.

그리고 래프팅, 수상 레포츠 등의 관광지로 이용되기도 하고

댐을 건설하면 전기를 생산하기도 하지? 하천은 과연 인간 생활의 중심!

28

우리나라
하천의 특색

우리나라의 하천의 특징은 크게 3가지로 정리해 볼 수 있어.

1. 경동지형의 특색 반영
2. 하상계수 크고 유황 불안정
3. 감조하천

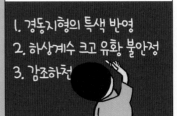

우선 첫번째로는 말야, 우리나라는 동쪽이 융기한 지형이잖아?

융기

그래서 **대부분의 황해와 남해를 향해** 흐른다는 거야.

비대칭 요곡운동에 의한 경동지형 때문이라고 앞에서 피튀기며 다 얘기했잖아!!

하천의 분포

황해와 남해로 흘러들어가는 하천은 유로가 길고 유역면적이 넓지만 동해로 흘러 들어가는 하천은 대개 유로가 짧아 유역면적이 좁고 경사가 급하며 유량도 적은 편이지.

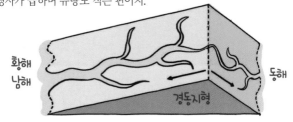

황해 남해

동해

경동지형

하상계수와 감조하천에 대해서는 설명할게 많으니 다음장으로 go go!

29

하상 계수

coefficient of river regime

무엇보다 우리나라는 **여름에 강수량이 집중**되기 때문에

월평균 강수량

200

100

(mm)

1 2 3 4 5 6 7 8 9 10 11 12 (월)

하천 유량의 계절적 변동이 매우 커.

사람살려!!

여름만 되면...

봄, 가을, 겨울에는..

이를 알려주는 지표가 하상 계수인데, 이것은 **하천의 상태를 나타내는 계수**란 뜻으로, **[최소유량:최대유량]**을 **[1:x]**의 꼴로 나타낸 거야.

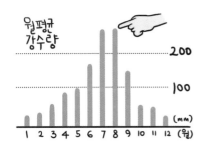

최소유량:최대유량 = 1:x

河 狀 係 數

하천 **하**　형상 **상**　　계수

상태

이를 통해 **유황***, 즉 유량의 변동 정도를 알 수 있는데,

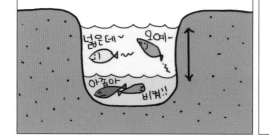

유량의 변화가 큰 강은 x값이 크므로 '하상계수가 크다'고 하고

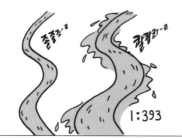

1:393

반대로 항상 유량이 비슷한 강은 x값이 작아 '하상계수가 작다'고 할 수 있겠지.

이렇게 하면 수량이 좀 변하려나 시 — 원

1:4

우리나라의 하천들은 **하상계수가 큰 데다가**

(대개벌 이전의 자연상태 기준)

한 강	1:393	나일강	1:30
낙동강	1:372	양쯔강	1:22
금 강	1:299	라인강	1:8

땅덩이가 좁고 산지가 많은 지형으로 인해 **유역 면적이 좁아서**

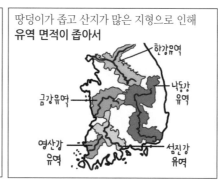

한강유역
낙동강 유역
금강유역
영산강 유역
섬진강 유역

하천의 **범람**이 잦고 자주 **홍수**의 피해를 입곤 하지.

집중호우
좁은 유역면적

하상계수가 큰 데에는 사실 인위적 요인도 있어. 도시화로 인해 지표면이 포장되면서 땅이 수분을 머금지 않고 바로 흘려보내거든.

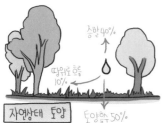

증발40%
땅위로 흐름 10%
자연상태 토양
토양함유 50%

증발30%
배수 등으로 흐름 55%
토양함유 15%
도로 포장된 토양

구불구불한 하천을 직강화해도 오히려 하상 계수가 커져. 이건 뒤에 자유 곡류천에서 다시 언급할게.

예전엔 지류들이 합류하는 데 시간이 좀 걸렸는데, 이제 폭우가 오면 바로 몰려들어와

이렇게 유황이 불안정하면 **내륙 수운이나 수력 발전에도 불리**하고

여름엔 물난리, 겨울엔 물이 없어 못 건너
물이 없을때 뭘로 발전하지?
수력 발전소

무엇보다 수자원 이용이 어렵기 때문에 우리나라는 저수지나 보, **댐의 건설**이 불가피한 면이 있어. 한강의 하상 계수도 댐 건설 이후 1:90 정도로 줄었단다.

유량이 적을 때 저기 저장해 둔 물을 끌어다 쓰면되
홍수도 막아준다고

그렇지만 무리한 수리 시설은 환경 문제를 야기시키기도 해.

왜냐고? 인문지리의 '수력발전'편을 참고하길~

또한 하상계수가 큰 데는 인위적 요인도 있는 만큼 과도한 직강 공사 등을 자제하고 숲을 조성하는 등의 친환경적 방법도 함께 고려되어야 겠지?

 유황* 流 (흐를 류) / 況 (상황 황) : flow regime 명명백백 more

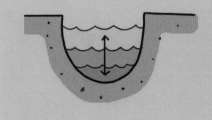

직역하면 흐르는 상황이라는 뜻인데, 유량의 많고 적음을 말해. 유황이 불안정하다는 것은 유량의 변동 폭이 크다는 것이고 곧 하상 계수가 크다는 것과 같은 뜻이겠지?

30 감조 하천

tidal river

우리나라 대부분의 하천은 황·남해로 흐른다고 했는데,

하천의 분포

이곳의 조차가 크다는 것은 알고 있지?

평균조차

이렇게 조차가 큰 해안을 향하는 하천의 하류는 밀물 때 바닷물이 역류하여 들어오면서

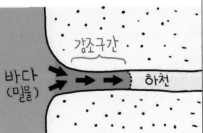
감조구간
바다(밀물) 하천

수위가 주기적으로 오르고 내리는 구간이 나타나.

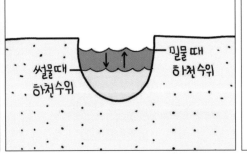
썰물때 하천수위
밀물 때 하천수위

이러한 하천을 **조류를 느끼는 하천**이란 뜻으로

앗 조류가 흘러든닷!

감조 하천이라 하지.

感 潮 河 川

느낄 **감** 밀물썰물 **조**　　**하천**

감지
예**감**

이로 인해 하천 주변에 **염해***가 발생할 수 있고

아이짜...
염분　염분
뭐11
난 민물고기여

만약 홍수와 만조 때가 겹치면 피해가 더 늘어날 수도 있어.

만조의 역류　홍수

70

물론 하굿둑*이나 방조제*가 바닷물이 들어오는 것을 막아 일차적 피해를 방지할 수는 있지만

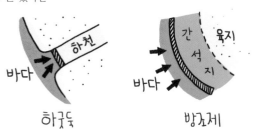

이게 오히려 생태계를 파괴하는 선택일 수 있어 주의해야 해.

Attention Please~!

우선 수질이 오염되고

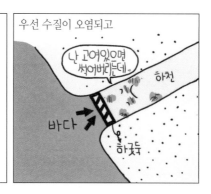

나 고여있으면 썩어버리는데.

어류의 생태 이동 경로가 막히며

위! 나 강과 바다를 왔다갔다해야 산다고!

누가 아니래

바다 쪽으로 새로운 갯벌이 형성, 확장되는 것도 불가능해지지.

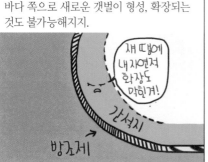

새 때문에 내 자연적 확장도 막히게!

아무리 깊이 잠들어도..

수업 끝나는 시간은 귀신같이 느끼니.. 이건..감종(感終)인가?

🔵 염해*　鹽(소금 염) / 害(해할 해) : salt damage

명명백백 more

짠맛 좀 봐라!

'소금 피해'란 뜻인데, 해수는 소금기를 가득 담고 있잖아. 바람이나 해일 등에 의해 해수 입자가 내륙으로 들어오거나 감조 하천을 통해 해수가 역류하면서 입는 피해지. 식물의 잎이 말라 농작물에 피해를 입히기도 하고 시설물이나 송전선 등을 부식시키기도 해.

일종의 염해지

짜게 먹었더니 하루종일 물이 먹히네

🔵 하굿둑*　河(강 하) / 口(입구) / 둑 : estuary dam

명명백백 more

'강의 입'이란 뜻의 '하구'는 강이 흘러나가다 바다와 만나는 끝 지점을 말해. 이 곳에 둑을 쌓으면 염수가 흘러 들어오는 것을 방지할 수 있고 그밖에 **용수 확보, 홍수시 범람 방지, 내륙 수운을 위한 수위의 유지** 등에 유리하지. 다만 홍수 방지 기능에 있어서는 오히려 하굿둑의 수위를 넘치면 더 큰 피해를 입을 수도 있기 때문에 언제나 유리하다고 말하기는 힘들어.

-낙동강 하굿둑-

🔵 방조제*　防(막을 방) 방지 / 潮(밀물썰물 조) 조류 / 堤(둑 제) : sea wall

명명백백 more

조류를 막는 둑이란 뜻의 방조제는 강의 하구만 막는 하굿둑과는 달리, 간석지와 바다의 경계에 길게 둑을 세워 (sea wall) 간석지로 조류가 들어오지 못하게 함으로써 이곳을 공업 및 농업 용지 등으로 사용하는 것이지. 이를 '간척'이라 하는 것도 알고 있지? 또한 방조제는 그 자체가 교통로로 이용되거나 관광지로 활용할 수도 있단다. 자연지리의 간석지 편, 인문지리의 간척 평야 편 등을 참조해.

31 감입 곡류 하천

incised meander

곡류 하천은 **위치와 주변 지형**에 따라 두 가지로 나눌 수 있어.

중상류를 흐르는 **감입 곡류 하천**과

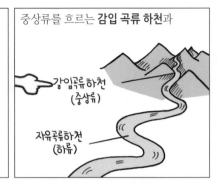

중하류 일대를 흐르는 **자유 곡류 하천**이야. 자유 곡류 하천은 말 그대로 자유롭게 굽이쳐 흐르는 하천일테고.

그럼 감입이 뭐냐고? 상감 청자라고 다들 들어봤지?

이건 특정 모양대로 흙을 파내고 그 안에 다른 색의 흙을 채워 넣어 문양을 만든 거야.

팔 감(嵌)과 들 입(入)이 합쳐진 '감입'이란 파 낸 자리에 다른 물질이 들어가는 기법을 말해.

嵌 파내다 + 入 들어가다

따라서 **감입 곡류 하천**이란 파내고 들어가 굽이쳐 흐르는 **하천**이란 뜻이지.

嵌 入 曲 流
파낼,새길**감** 들어갈**입** 굽을**곡** 흐를**류**

상**감**   삽**입**, **입**구

봐~ 계곡이 마치 산을 조각칼로 파내고 그 안에 들어간 것 같잖아~

원래 구불구불 굽이쳐 흐르던 자유 곡류 하천이

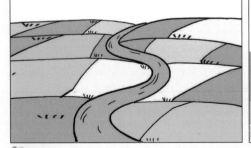

지반이 융기된 후 깊이 **V자로 침식**하면서 산을 감고 흐르는 것처럼 되는거야.

지반이 융기하면 **하방 침식력**이 커지고

언젠간 저기까지 가고 말거야

산지는 주변의 지형이 주로 암석이라 유로 변경이 쉽지 않기 때문에

움직이기도 쉽지 않고만. 쩝~

↳ 침식기준면

마치 파내려 가듯이 점점 깊은 골짜기를 만들지.

하방침식 ↳ 침식기준면

그래서 그 지형도는 고도가 높고 하천 양안의 등고선 간격이 매우 좁아.

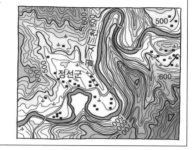

그런데 이렇게 지반이 융기하여 감입 곡류 하천이 될 때, 자유 곡류 하천 때의 유로가 반드시 보존되는 것은 아니야. 융기된 쪽에 물이 흐르지 않을 수도 있지.

엇, 계곡물이 다 말랐네

엇? 물이 흘렀다 지금은 아닌 곳? '구하도'네? 그래, 구하도는 반드시 우각호의 매립에 의해서만 생기는 것은 아니야.

여기도 곧 구하도가 되겠지?

NO

이렇게 **하천의 중·상류에서도 유로가 변경되면 구하도가 생기는데** 이게 틀리기 쉬워.

중·상류에 구하도?? 구하도는 하류라며! 우씨!!

그리고 감입 곡류천은 융기+침식에 의한 지형이라 양쪽 으로 **하안 단구를** 형성하기도 해.

하안단구는 뒤에서 다시

하안 단구의 단구면도 과거에 물이 흘렀던 곳이니 역시 구하도의 일종 이라 할 수 있지.

단구면

또한 감입 곡류 하천은 낙차가 큰 만큼 **댐** 건설에 유리해.

다목적다 목포

경관이 아름다운 곳은 **관광지**로 이용되기도 하고.

끼야

동강래프팅

그런데말야, 감(嵌)에는 '산골짜기'란 뜻도 있어서, 예전엔 감입 곡류를 산골짜기를 흐르는 하천으로 설명하는 책이나 선생님들이 많았어. 명명백백이 나온 이후 많이 줄었지만~

嵌 산골짜기?

그게 그거 아니냐고? 아냐! incised'를 번역한 것이고 그 핵심은 하방 침식이니까.

incised meander
파내다. 새기다. 곡류천

32 하안 단구

river terrace

계단 단(段) + 조금 높아진 지형을 의미하는 언덕 구(丘)! 그래서 단구(段丘)는 계단 모양의 지형을 말해.

영어로는 terrace!

하안 단구라고 했으니 **하천 연안에 생긴 계단 모양의 지형**이겠군.

河 岸 段 丘

강 **하** 언덕,기슭 **안** 단구

하천 **연안**
     해안

아니, 하천의 양 옆에 계단 모양의 지형이 형성되는 이유는 도대체 뭘까?

까독~
하천 옆에
계단공사는
누가 한거냐?

이는 지반이 융기하거나 해수면이 하강하기 때문인데, 이 원리를 이해하는 게 중요해.

왜?
지반융기
↓
계단지형

자, 여기에 하천이 흐르고 있어.

오랜 세월 이리저리 침식·운반·퇴적 하면서 곡류천 주변을 평탄하게 만들겠지.

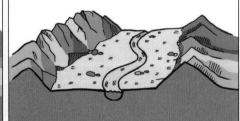

그리고 **지반이 융기하거나 해수면이 하강**한다고 하자.

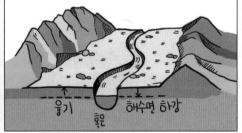

융기 혹은 해수면 하강

그럼 침식도 이제 낮아신 해수면을 기준으로 일어나게 될거야.

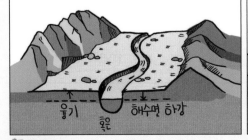

융기 혹은 해수면 하강

벌써 **하방 침식력**이 강해져서 하천 바닥면이 깊어진 게 보이지?

낮아진 하천의 침식면

그렇게 또 오랜 세월 침식하다 보면 다시 곡류천 주변을 평탄하게 만들게 돼.

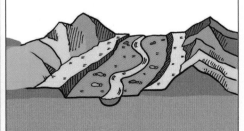

봐! 앞에서 물이 흘렀던 면에 비해 한 단계 낮아진 면이 생기면서 계단 모양의 지형이 되지?

이렇게 **지반 융기나 해수면 하강과 침식이 반복되어** 생긴 **계단 모양의 지형**이 바로 하안 단구야.

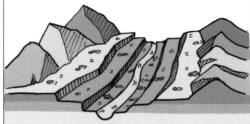

그래서 하안 단구에서는 둥근 자갈과 같이 과거에 물이 흘렀던 증거가 발견돼.

단구의 평평한 면을 단구면, 수직면을 절벽 애(崖)를 써서 단구애라 하는데,

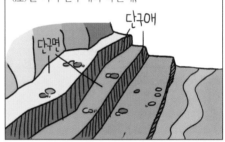

단구면은 홍수에도 비교적 안전하므로 농경지로 이용되거나 **취락**이 입지해.

다음 지형도에서도 단구면을 확인할 수 있지?

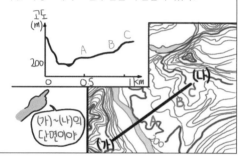

33 자유 곡류 하천

free meander

자유 곡류 하천은 말 그대로 비교적 평탄한 지형을 자유롭게 굽이쳐 흐르는 하천이라 했지?

꼭 뱀이 지나다니는 것 같다해서 사행천이라고도 하지.

蛇行川

뱀**사** 다닐**행** 내**천**

경사가 완만한 평야를 흐르기 때문에 유속이 느리고 유량은 비교적 많으며

침식 기준면과의 고도차가 적어서 **측방 침식**이 활발할 수밖에 없어.

그래서 하천 양안에 퇴적과 침식을 반복하면서 끊임없이 **유로를 변경**하지.

바로 이 힘이 범람원, 우각호, 구하도 등 다양한 지형을 만드는데, 범람원은 뒤에서 하기로 하고.

평야를 흐르는 소규모 하천의 하류나 큰 하천의 지류에서 흔히 볼 수 있는 지형들이란다.

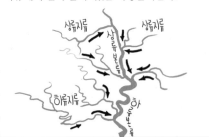

34 우각호와 구하도

ox-bow lake &
old river channel

하천이 본능적으로 곡류하는 원인을 들여다 보면

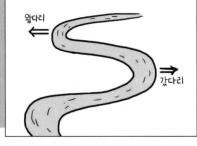

바깥쪽 (공격면) 유속이 빠르고 안쪽(보호면)은 상대적으로 느리기 때문이야.

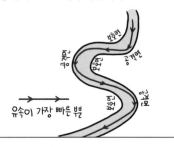

바깥쪽은 계속 침식되려 하고 안쪽은 퇴적이 우세하여 곡류가 점점 심해지지.

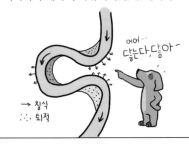

그러다 휘어지는 두 부분이 완전히 만나 새로운 물길, 즉 하도가 생성되면

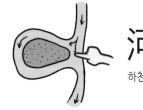

河道
하천 **하** 길 도

그 사이의 지형이 **섬으로 고립**되는데, 이를 **하천 중간에 생긴 섬**이라 하여 **하중도**라 해.

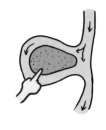

河中島
하천 **하** 가운데 **중** 섬 도

한편, 홍수 등으로 인해 퇴적물의 공급이 급증하면 하도가 토사로 막히면서 물길이 끊어질 수도 있겠지?

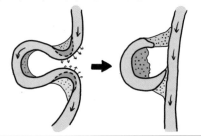

그러면 **하천이 소 뿔 같이 생긴 모양으로 고립되면서 호수**가 돼.

그래서 이를 소 뿔 모양의 호수란 뜻으로 **우각호**라 하지.

牛角湖
소 우 뿔 각 호수 호
녹**각**
삼**각**형

한강의 경우 여의도, 밤섬 등은 대표적인 하중도이고 석촌 호수는 우각호란다.

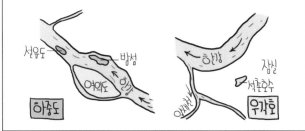

일단 고립된 우각호는 주변 배후 습지로부터 작은 입자의 퇴적물을 조금씩 공급 받는 반면

더 이상 지속적으로 물이 조달될 수원이 없기 때문에

습지로 변했다가 결국 사라지고 말지.

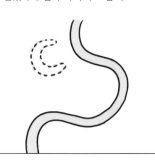

호수는 없어지고, 과거에 물이 흘렀던 흔적만 남게 되는 거야.

그래서 이를 **옛날**에 **물이 흘렀던 길**이란 뜻으로 **구하도**라 해.

구하도는 하천이 퇴적한 토질이라 **비옥 하고 평탄하여 주로 논으로 이용**돼.

자유 곡류천은 토지 이용이나 홍수 관리가 불편해

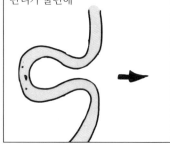

직강 공사를 하는 경우가 많다는 것도 알아두자.

삼포강의 유로도 직강화 된 것을 확인할 수 있어. 오른쪽 지도만 봐도 과거 유로의 흔적이 보이지?

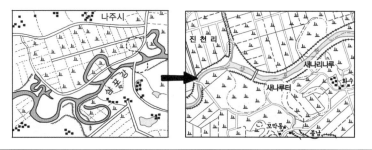

그런데 직강화는 지류의 작은 홍수를 막을 수는 있지만 오히려 더 큰 홍수의 원인이 될 수도 있어.

하천이 본류로 모이는 시간을 급격히 줄여 유량이 갑자기 폭증할 수 있거든.

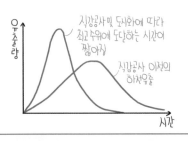

또 구불구불한 곡류가 없어지면서 하천의 정화 능력이 떨어지기도 하지.

어! 넌 왜케 더럽냐? 예전엔 안 그랬잖아!?

이젠 굽이치며 흐를 겨를이 없어.. 흑..ㅠㅠ

머리... 치워라...

우각호다 우각호!

심바의 보너스* - 하천 지형 사진으로 보기

와우, 진짜 깊이 파고들었네···

구불텅한 유로에 구하도 다 보이네~

감입곡류하천 (동강)

자유곡류하천 (영산강)

와~강 한가운데 섬! 경치 죽인다. 이담에 만국이랑 저기 놀러가야지

하중도(춘천)

훨씬 곡류가 심했었군!

오~ 보인다, 보여! 과거에 물 흐르던 자리!

구하도 (영월)

35 평야

plain

평야는 어찌 되었거나 평평한 땅이야. 넓게 평평한 땅이 펼쳐지는 것은 왜일까?

平 野
평평할 평 들 야

지구 내부에서는 끊임없이 지각을 굴곡지게 만들지만,

맨틀

한편 바깥쪽에서는 풍화, 침식, 퇴적 작용으로 지형을 평평하게 만들고 있거든.

평야는 만들어진 원인에 따라 침식 작용에 의한 침식 평야와 퇴적 작용에 의한 퇴적 평야로 크게 나눌 수 있어.

by침식

by퇴적

침식이나 퇴적 작용은 지하수, 파랑, 조류, 바람, 빙하 등에 의해서도 일어나. 파랑에 의한 해안 평야나 빙하에 의한 평야도 있지.

지표를 평평하게 만드는 원인이 꼭 한가지겠어?

그렇지만 뭐니뭐니해도 하천의 역할이 가장 중요해. 일반적으로 침식평야, 퇴적 평야는 하천에 의한 것을 가리키지.

사실 침식과 퇴적은 분리할 수 없기 때문에

동시에 일어나죠~

침식

퇴적

운반

곡저 평야처럼 둘을 나누기 힘든 경우도 있지만,

침식평야   퇴적평야

곡저 평야

상대적으로 침식 작용이 우세하여 형성된 구조 평야, 하안 단구, 침식 분지 등은 침식 평야로 보는 것이 보통이야.

구조평야

하안단구

침식분지

반면 퇴적 평야는 선상지, 범람원, 삼각주 등으로 모두 뒤에서 자세히 다루게 될 거야.

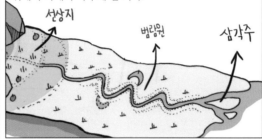

선상지   범람원   삼각주

평평하다는 것은 물론 인간이 사용하기 좋다는 뜻!

그래서 농경과 목축이 이루어지는 인간의 주요 생활 무대였지

그래서 기후나 지형 조건이 열악한 몇몇 지역을 빼고는

시베리아 평원은 추워서 농경과 목축은 일부만 가능하고 대부분 침엽수림, 혹은 비약한 초원이야.

세계적인 대평원들은

Great Plains

European Plain

Pampas

'pampas'는 원주민 언어로 '평야'란 뜻이야

세계의 곡간이기도 해. 기업적 농업과 목축이 발달했지.

사람도 비료도 비행기로 줘야할만큼 규모가 크다우~

한편 아시아의 평야에서는 온대 계절풍 기후를 활용한 벼농사가 발달해왔고.

그런데 세계의 평야와 하천 지형들은 최근 습지 매립,

매립해서 옥지만 늘리면 다냐? 습지는 인류 생태계의 보고라고!

하천 직강 공사,

아! 직강공사하면 홍수 심해진대잖아!

인간들이 말을 들어야 말이지..

댐 건설 등 인간에 의한 개발로 인해 지형 변화를 겪고 있기도 하단다.

아, 우리가 뭘 어쨌다고?

물을 가둬놓는 거라 수몰지역이 생길 수 있고, 안개 내려가 증가해 각종 환경변화를 초래하지

이렇듯, 지형이 인간 생활과 관련해서 갖는 기능, 의미, 역할은 영원히 고정된 것이 아니라 기술의 발달, 사회, 경제, 문화적 상황에 따라 바뀔 수 있는 것이지.

자, 이제 평야지역들 하나하나씩 살펴보자구

아, 모야 평야 끝난 거 아니었어?

36 구조 평야

structural plain

구조 평야는 오랜 지질 시대를 지나는 동안 심각한 지각 변동을 받지 아니하고

고 ㅡ 요

그러니깐 조산대에는 구조평야가 있을 수 없지 !!

거의 수평 상태에서 하천, 빙하, 바람 등의 오랜 침식 작용에 의해 형성된 평야야.

이를 구조 평야라 하는 이유는 지질의 구조가 그대로 드러나면서 지형의 기복을 결정하고 현재까지도 유지되고 있기 때문이지.

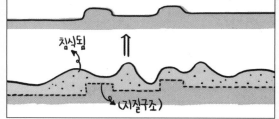

침식됨

(지질구조)

그런데 생각해봐. 모든 침식 평야는 오랫동안 침식이 진행되다 보면 언젠가 지질 구조가 드러나버리지 않겠어?

지질구조가 드러워 버린다고?

먼소리야..

그래서 구조 평야와 침식 평야는 동의어야.

침식 평야 ≒ 구조 평야

다만 우리나라는 전체적으로 산지가 많아 큰 규모의 평야가 없다보니

코딱지만해서 뭐... 지질구조랄것 까지야...

야, 그럼 거가서 살어!

구조 평야를 광범위하게 수평의 지질 구조가 유지된, 세계적 규모의 침식 평야를 가리키는 말로 구분해서 쓰기도 하지.

침식 평야

구조 평야

앞에서 말한 유럽의 대평원이나 미국의 중앙 대평원 등 세계적 평원들은 모두 구조평야!

Great Plains

European Plain

Pampas

37 충적 평야

alluvial plain

한편 퇴적 평야에서는 '충적 평야'를 잘 알아둬야 해.

'충적'이란 말이 뭐냐고? 일단 쌓을 적(積)이 있으니 퇴적이긴 할텐데..

충적
↓
퇴적

충(沖)은 일본식 한자로 '흘려 보내다', '떠내려가다'는 뜻이야.

沖 (물을) 흘려보내다

일제시대에 일본어의 한자를 그대로 가져온거야

영어로는 'alluvium'이라 하는데, 이는 '물에 떠밀려 오다'는 뜻의 라틴어로 충(沖)과 같단다.

'alluvium'

퇴적물
퇴적물

영어든 한자든 중요한 것은 하천에 의한 퇴적! 즉 충적 평야란 **하천을 따라 흐르다 퇴적**된 평야야.

沖 積

흘려 보낼 **충** 쌓을 **적**

퇴**적**
적재
적금

결론적으로 퇴적 평야 중에서 하천에 의해 퇴적된 평야를 말하는 거지.

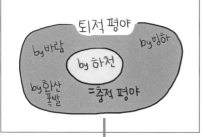

퇴적 평야

by바람   by빙하

by 하천

by화산폭발   =충적 평야

앞으로 우리는 하천을 따라가며 여러 평야 지형들을 배우게 될 거야.

산 중간 중간에 계곡 바닥을 침식, 퇴적하며 만든 **곡저 평야***, 산과 평지가 만나는 곳에 퇴적물이 쌓여 형성된 **선상지**, 하천 중하류에 펼쳐진 **범람원**의 평야들, **삼각주** 등은 충적평야의 대표적 지형이란다.

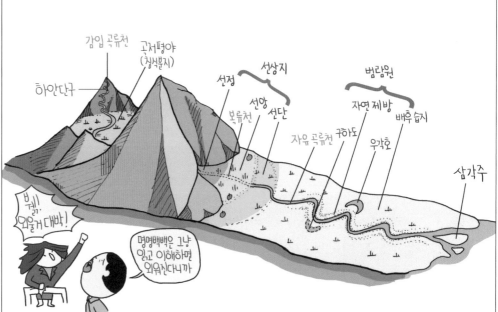

와, 외울거 대박!

명명백백은 그냥 읽고 이해하면 외워진다니까

38

곡저 평야

valley bottom plain

곡저평야는 **계곡 바닥에 생긴 평야**라는 뜻이군.

谷 底 平 野

골곡　밑,바닥저　　평야

계곡
저력
저변
해저

평야는 주로 상류보다는 하천의 하류에서 형성되기 마련인데,

상류

하류

한참 아래로 흘러야 할 산 중턱 계곡에 넓은 평야가 생기는 까닭은 뭘까?

이래비도 고도가 높은 곳이야

산이라는 게 말이야, 무슨 기계로 깎아 놓은 원뿔처럼 생길 수는 없잖아.

서로 당황

산의 암석은 단단하고 무름의 차이가 있어 다양한 굴곡이 나타나지.

그러니 하천은 중간에 **경사가 완만한 지형**을 만날 수 있고

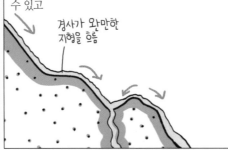

경사가 완만한 지형을 흐름

이러한 곳에서는 하방침식보다는 **측방침식**이나 **퇴적작용**이 강해서 평야를 형성하는 거야.

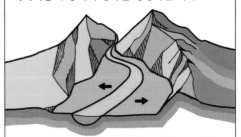

이곳은 계곡물이 흐르고 평야가 형성되니 **농경**이 가능하고 **취락**이 발달 했지.

산악지방에서 비옥하고 물이 흐르는 곡저 평야를 두고 산비탈에 살 필요가 뭐 있겠어 --;;

산비탈에 살으리랏다!

평야에 농경지나 취락이 입지하는데 쟨 왜저래?

저 푸른 평야위에 ~♪
그림같은 집을 짓고 ~ 아빠
사랑하는 태연닝과 ~
한 평생 살고지파~~

사방

씰룩
씰룩
콩짝콩짝

난 제시카~

산 중턱에도 이렇게 평야가 펼쳐지는군

여기 누가 살까..?

곡저 평야 (북아메리카)

지대로 꾸불덩인데ㅋㅋ

자유 곡류 하천 (미국)

이 강줄기에서 떨어져 나갔군

우각호 (일본 홋카이도)

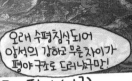
오래 수평침식되어 암석의 강하고 무른차이가 평야 구조로 드러나는구만!

구조 평야 (미국)

39

우리나라 평야의 특징

방금 전 충적 평야에 대해 얘기했는데 말야, 사실 우리나라는 '충적 평야'라 할만큼 큰 퇴적 평야가 거의 없어.

아니 그럼 왜 한거임???!!

아니아니, 규모가 작아 그렇지 있을건 다있다고

다만 하천이 범람하는 일은 잦아 범람원 지형은 곳곳에 존재하지.

그래서 '충적 평야'보다는 '충적지'가 분포한다라는 표현을 많이 써.

결론적으로 말하면 우리나라 평야는 대부분 **범람원과 같은 충적지와 그 주변의 구릉성 침식지로 구성**되어 있어.

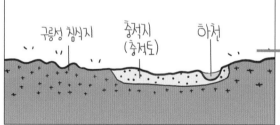
구릉성 침식지　충적지 (충적토)　하천

또한 침식 평야든 충적 평야든, 평야를 만드는 힘은 하천에서 오기 때문에 주요 평야는 대개 **하천에 인접하여 발달**했지. 특히 황해와 남해로 흐르는 하천의 **하류** 지역에 집중 분포할 거야.

동해안에도 소규모의 평야가 있긴 한데, 이곳에는 주로 도시가 발달했어. 또 황해에는 하천에 의해서가 아니라 간석지를 메꿔 만든 간척 평야도 있단다.

이 평야들은 인문지리 해안지역과 주민생활 편에서 다시 나오니 여기선 통과~

뭐 높은 평야가 아니도 많이나와 …ㅋㅋ

그래봤자 침식평야아님 퇴적평야야

어쨌거나 이렇게 평야가 **토지의 이용과 생활에 용이**하다는 것은 당연한 얘기지?

사비탈에 살게다니까!

왜 저래.. 세상이 싫으냐

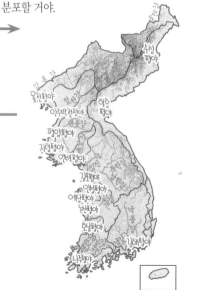
수성평야
압록강
용천평야
박천평야
청천강
안주평야
평양평야
재령평야
연백평야
대동강
예성강
한강
김포평야
안성평야
금강
낙동강
호남평야
나주평야
김해평야

40 침식 평야

erosional plain

우리나라 평야 대부분이 침식 평야라면 따로 자세히 살펴보지 않을 수 없겠는걸?

우선 침식평야는 **오랜 기간 하천의 침식**을 받아 평평해진 평야야.

기반암의 차별 풍화, 침식으로 기복은 좀 있겠지만 말이야.

한편 좁은 의미에서의 침식 평야는 충적 평야보다는 **약간 높고 다소 기복**이 있으며 **산지의 산록 부근이나 충적 평야 주변 지역**에 주로 분포하지.

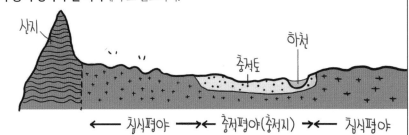

완전히 평지화 되지 않은 곳을 '구릉성 침식 평야'로 나누어 부르기도 해.

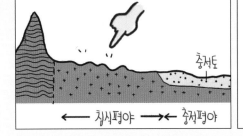

전북 김제와 익산, 경기 여주와 이천 등 충적 평야로 유명한 곳의 주변 지역에 발달했어.

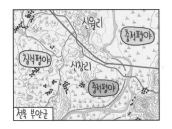

그런데 큰 의미에서, 우리나라의 규모가 큰 서남부의 평야는 대부분 침식평야로 분류돼. 앞장에서 얘기 했지?

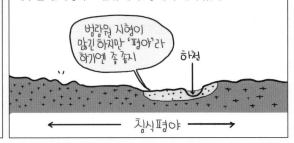

삼각주인 김해 평야를 제외하고는 **넓게 보면 모두 침식 평야**라고 할 정도라니까.

우리나라가 노년 지형이라 침식 지형이 원래 많거든.

산지도 나지막한 언덕이 연속되는 구릉성이 많잖니.

구릉성 침식 평야는 충적 평야보다 토양층이 얇고 유기물이 적어. 즉, 덜 비옥하여 논보다는 밭, 임야, 묘지 등으로 쓰였어.

1960년대 이후부터는 개간되어 **계단식 논, 대규모 밭, 과수원, 목장** 등으로 이용되다가

도시화와 함께 도시 근교에서는 농공단지나 아파트가 들어섰지.

41 침식 분지

erosional basin

분지 지형은 다들 잘 알지?

이때의 '분'이 그릇을 말하는 한자거든.

盆
동이 **분**

화**분**

침식에 의해 형성된 분지라..

결국 이는 특정 지역이 더 파였다는 건데... 왜 이렇게 되었을까? 가운데만 비바람이 들이쳤을리도 없고.

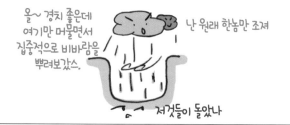

오랜 침식에 의해 산지가 깎여 평야가 형성될 때 말이야, 아무래도 칼로 무 자른 듯 되기야 하겠어? ^^;;

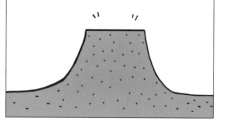

기반암의 강하고 무른 차이에 따라 차별 침식될 테고 그러다 보면 종종 분지 지형이 생기기도 하는 거지.

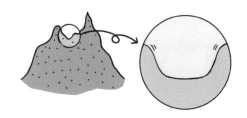

중요한 부분이니까 좀더 자세히 설명하자면 말이야, 변성암은 풍화와 침식에 강해.

그림과 같이 풍화에 강한 변성암 지형에 마그마가 올라오면

마그마는 식어서 화강암이 되고 관입부의 상단부는 장력을 받아 균열되어 침식되기 좋은 상태가 돼.

침식이 진행되면 언젠가 화강암이 노출될 것이고

이때부터는 같은 침식작용을 받더라도 화강암 부분이 더 약하기 때문에 분지 지형이 형성되는 거야.

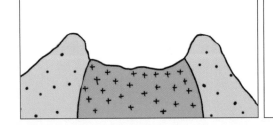

마치, 참외를 잘라서 샤워기에 놓으면 가운데가 무르니 빨리 씻겨 내려가는 것처럼 말이야.

안돼!!! 난 참외에 이부분만 먹는단 말야!!

또한 분지는 가운데가 낮으니, 주변 산지의 상류에서 부터 내려오는 하천들이 합류해.

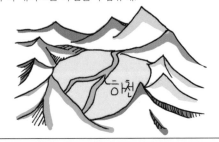

그래서 **침식 분지 내부에는 침식된 구릉지와 하천으로 인한 단구나 범람원 지형 등도 포함**돼.

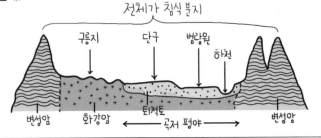

춘천의 지질도와 지형도에서도 패인 곳이 화강암이고 하천이 만나는 곳엔 충적지인 것이 보이지?

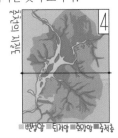

한강 중상류, 금강 중상류, 낙동강, 섬진강 유역의 다음 지역은 모두 침식 분지야.

강원도 양구군 해안면에 가면

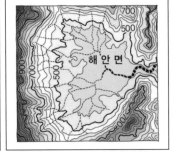

눈에띄게 두드러진 침식 분지 지형이 있는데, 이를 펀치볼이라고 해. 한국 전쟁 당시 미국 종군 기자가 붙인 이름이라 영어야.

개밥그릇하고 차이도 없고만.. 도그볼은 안되냐?

펀치볼 (화채그릇)

너같으면 "개밥그릇마을"에 살고 싶냐?

분지를 둘러싼 산은 겨울 계절풍을 막아 주고 외적 방어에도 좋고, 하천을 통해 물을 구하 기도 쉽고..

다시 살아도 침식분지죠~

침식분지라 행복해요~

그래서 침식 분지에는 **도시가 발달**했단다. 서울, 안동, 대구 등 예로부터 발달한 도시들은 모두 침식분지라고.

야!! 그얘기를 지금하면 어떡해!! 학원 때려치고 침식 분지나 사놓자!

근대 이전에 그랬다는 거고 현시점에서는 도시입지로 꼭 좋은것만은 아냐

기온역전에.. 산으로 막혀있고.. 지금 도시입지는 다른 중요한 요소들이 더..

돈없단 소리를 참 길게도 하네..

다만 분지 지형에서는 찬 공기가 산을 타고 내려와 상공보다 지표 쪽 공기가 더 차가운 기온 역전 형상이 발생해.

상공으로 갈수록 온도 상승 (기온역전)

차가운 공기

그러면 공기가 안정되어 오염 물질이 분지 밖으로 빠져나가지 못하고

공기층 안정

오염물질

지표 부근의 차가운 공기로 인해 냉해나 안개가 발생하는 단점이 있어.

수증기 응결 냉해

→안개

추워~

자세한 원리는 기후편의 분지 기후를 참조해.

참! 시험에 지형도가 나오면 꼭 고도의 숫자를 읽도록 해.

정상 평평! 고원이네~ 지리천재!

앗차!

너도 참, 만만찮은 급식충인듯

고원과 헷갈릴 수도 있으니까!

중앙부로 갈수록 낮아진다구, 잘봐~

심바의 보너스* - 하천 침식 지형 사진으로 보기

구릉이 연속되는 지대에서 산지가 침식되며, 평야가 형성된 게 짐작되는 사진이지?

침식평야 (경기도 이천)

다구면에 농겨지,취락. 배운 그대로지?

하안단구(남한강)

정말 쏘~옥 들어갔네? 신기해~

침식분지 (양구군 해안면 펀치볼)

87

명명백백 Special 6) 퇴적물의 분류

퇴적물이 쌓여서 만들어진 퇴적 지형의 경우에는 퇴적물의 크기에 따라 토양의 성질이 달라지게 돼. 당연히 토지의 이용이나 입지도 퇴적물의 크기에 영향을 받게 되지. 특히 퇴적물의 크기는 물이 빠지는 배수와 관련이 깊거든! 그래서 퇴적물의 크기에 따라 단계를 나누는데 자갈 - 모래 - 흙(silt) - 점토 순이겠지? 히천을 따라 점점 오랫동안 운반되므로 상류》하류 순으로 퇴적물의 크기가 작아질테고.

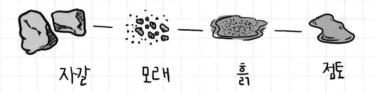

조립질** 組 (거칠 조) 조악, 조방적 / 粒 (낱알 립) 입자 / 質 (바탕 질) : coarse-grained

우리가 거칠고 형편없는 물건을 보고 '조악하다'고 하잖아. 조(粗)는 거칠다는 뜻이야. 즉, 조립질은 보통 작은 **자갈에서부터 모래 정도까지 크고 거친 입자**를 말해. 조립질 퇴적물의 토양은 물이 통과하기 쉬워 배수가 잘 돼. 그래서 상대적으로 물이 덜 필요한 **밭이나 과수원**으로 주로 이용되지.

미립질** 微 (작을 미) 조악, 조방적 / 粒 (낱알 립) 입자 / 質 (바탕 질) : coarse-grained

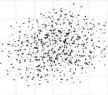

미세(微細)하다는 말처럼 미(微)나 세(細)는 모두 작고 가늘다는 뜻이야. 미립질, 혹은 세립질은 가는 **모래나 흙, 점토 등의 작고 가는 입자**를 말하지. 미립질 토양은 점성이 크고 서로 엉겨붙어 배수가 불량하여 과습 상태가 돼. **그래서 배수 시설을 보완한 다음 논으로 이용하지.** 벼농사에 물이 많이 필요하다던데, 배수 시설은 왜 필요하냐고? 벼가 기본적으로 많은 수분을 필요로 하는 작물이긴 하지만 벼가 한참 자랄 때 지나치게 수분이 많으면 병충해의 피해를 입기 쉽거든. 또 추수할 때는 적당하게 건조해야 벼가 잘 영글기 때문이야.

자, 이제 또 답사를 떠나볼까?

퇴적지형은 질펀한 곳이 많아 등산화도 준비했다구!

내꺼?

같이가자면서 운동화는 니꺼만사냐?

니발은 밭이고 내발은 논이냐?

알이 나왔으니까 말인데... 너 그러는거 아니다.

지난번에 휴대폰 계약할때 니꺼 최신폰으로하면서 내꺼 공짜로 주는 까톡밖에 안돼는 애로 했지?

너 그런다 니눈에 피눈물 날 날이 올거다.

뜨아... 사쓰디 자쓰러...

선풍기가 왜 선풍기인지 아니?

그럼 너는 왜 김만국인데?

부채 바람을 만들어 주는 기계란 뜻이지~

3단회전, 풀리즈~

헤헤!! 선풍기 아니 사라고!

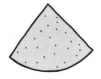

扇(선)은 부채라는 뜻이거든. 그러니 선상지는 **부채 모양의 땅**이야.

扇 狀 地

부채 선   모양 상   땅 지

선풍기   형상

그렇다면 부채 모양의 땅은 도대체 어디에, 왜 생기는 걸까?

물이 흐르는 산지가 평지와 만나는 경사의 급변점에서, 그 골짜기의 입구는 갑자기 유속이 느려질 거야.

계곡

유속이 갑자기 느려짐

하천

그러면 급류를 따라 이동하던 퇴적물이 입구에서부터 우르르 쌓이면서 부채꼴 모양의 퇴적지형이 생길 수 있겠지?

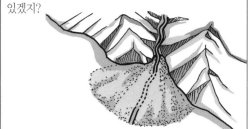

그렇기 때문에 영어 이름은 '충적 부채'지형이야. aulluvium이 '충적'이었던 것 기억나지?

aulluvial(충적)
+
fan(부채)

그런 만큼 선상지는 **하천 상류의 경사 급변점**에서 두드러지는데

헥헥

선상지 발달

한반도는 대부분 구릉성 산지이기 때문에 선상지가 많지는 않아.

! 너도 산이냐..

선상지 미발달

있었다 해도 침식, 퇴적 작용을 거치면서 선상지의 특징을 많이 잃어버렸지.

당췌 어딜가야 선상지가 나오냐?

그래도 가장 대표적인 게 함경북도 안변군의 석왕사 선상지란다.

동하리

안변군   석왕사면

자, 그럼 본격적으로 선상지를 공부해 보자!

선상지는 계곡 입구로부터의 거리에 따라 지형적 특징이 크게 달라지거든?

부채꼴 꼭지점과 가운데, 끝. 이렇게 세 부분으로 나누어 이야기해.

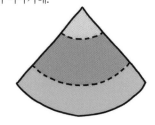

각각 정수리 정(頂), 가운데 앙(央), 끝 단(端)을 써서 **선정, 선앙, 선단**이라고 하지.

扇頂	扇央	扇端
정수리, 꼭대기 **정**	가운데 **앙**	끝 **단**
정상	중앙	말**단**

선상지의 꼭대기인 **선정**은 물이 처음으로 평지로 나오는 **계곡 입구**라 물을 쉽게 얻을 수 있어.

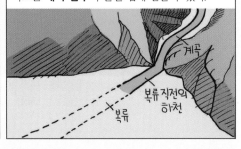

그래서 선정에서는 소규모의 **곡구 (계곡 입구) 취락**이 입지해.

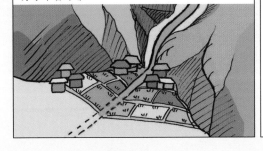

그러나 부채꼴 중앙부인 **선앙**은 사정이 달라.

선상지의 퇴적물은 우르르 쌓이기 직전까지 산지를 흘렀으니 상류의 퇴적물이겠지?

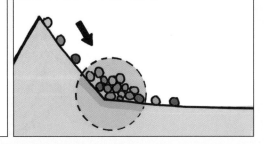

자갈, 모래 등의 **조립질 퇴적물**일 테고 입자가 크기 때문에 물이 스며들어 **복류***하게 되지.

따라서 논보다는 **밭**이나 **과수원**으로 이용돼.

마지막으로 끝부분인 선단에서는 선정에 비해 퇴적물 층이 훨씬 얇아지고 입자도 작아져.

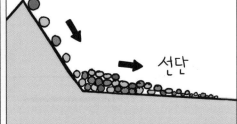

스며들었던 하천이 다시 보이기 시작하는 **용천***이 분포하게 되지.

어...? 물이 보이네?

퇴적물 층이 얇아짐

따라서 **논농사**가 가능하고 **취락**이 발달할거야.

선정·선앙·선단의 특징 모두 형성 원리를 따라가다 보면 외울 게 없다고~

이동작 은근 중독성있네..

복류천*

伏 (엎드릴 **복**) 항복, 굴복, 잠복 / 流 (흐를 **류**) / 川 (내 **천**) : underflow

명명백백 more

복류천이란 엎드려 흐르는 하천이란 뜻이 되는 군. 하천이 엎드려 흐른다 함은 아마도 땅속으로 흐른다는 것이겠지. Under+Flow! 그러니 복류천이란 게 따로 있는 게 아니고 **지표를 흐르던 물이 지하로 스며들면 그게 복류천인거야**. 만약에 하천이 조립질 토양이나 틈이 많은 석회암, 혹은 현무암질 토양을 만난다면 지하로 스며들지 않겠어?

용천대*

涌 (물 솟을 **용**) / 泉 (샘 **천**) / 帶 (띠 **대**) 혁대 : spring water area

명백백 more

우리가 뭔가 힘차게 솟구쳐 오를 때 '용솟음친다'라고 하잖아. 여기서 용(涌)은 '솟구치다'는 뜻의 한자야. 여기에 샘을 뜻하는 천(泉)이 결합하여, 용천(涌泉)은 **물이 지표로 솟구치는 것**을 말하지. '용천대'란 물이 다시 지표로 나오는 지역이고. 인간에게 있어서 물이란 생명과도 같은 것이니 예로부터 용천대에는 반드시 **취락**이 입지했단다.

- 용천대놀이 -

애들오면 같이 해야지

43

충적 평야2-
범람원

flood plain

범람. 넘치다는 뜻이잖아! 즉, 범람원은 물길이 수용할 수 있는 유량보다 더 많은 물이 흘러, **물이 넘치면서 생성 되는 평야**야.

氾濫原
범람 벌판 **원**
평원

물은 흐르면서 침식을 하고 침식한 물질을 운반하잖아.

이때 물이 범람하면 이 토사가 하천 양안에 퇴적되어 평야를 이루게 되는 거지.

우리나라는 여름이면 억수같이 쏟아지는 비로 하천이 범람하는 일이 잦아 범람원이 매우 많단다.

범람원은 자연 제방과 배후습지로 구성되는데 매우 중요한 부분이야, 집중!

자, 여기 하천이 있고 폭우가 쏟아진다고 하자.

유량이 폭증하고 상류에서부터 끌고 내려온 엄청난 양의 퇴적물이 함께 밀어닥칠 거야.

그리고 물이 넘치면 하천가를 따라 입자가 크고 무거운 퇴적물이 먼저 쌓이겠지. 무거우면 멀리 못 가잖아.

이렇게 해서 **지대가 높은 일종의 제방(둑)이 형성**되는데, 이를 **자연 제방**이라고 한단다.

이곳의 퇴적물은 대부분 자갈, 모래 등이라 배수가 잘 되고,

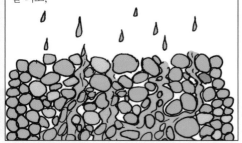

조립질 퇴적물에 퇴적 양도 많아서 지대가 높지. 그래서 물을 피할 수 있는 **피수 취락**이 입지해.

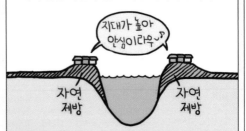

농사를 짓는다면 물이 잘 빠지는 토질 때문에 **밭이나 과수원으로 이용**되겠지.

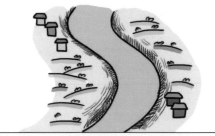

반면 입자가 작은 퇴적물들은 범람시에 자연 제방 뒤까지 운반되어 쌓일 거야.

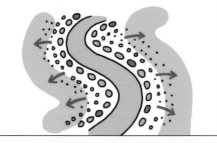

이곳은 자연 제방보다 토사의 유입량이 적어서 고도가 낮은 데다

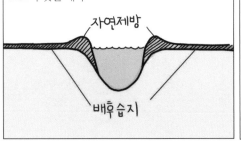

진흙과 같은 **미립질들이 퇴적되어 물이 잘 빠지지 않는 습지**가 돼.

벼가 한창 자랄 때 너무 과습하면 병충해가 많아지고 추수때 적당히 건조해야 잘 영근다고

모내기 하기엔 좋겠지만..

그래서 물을 빼는 배수 시설을 보완한 뒤 논으로 이용하지.

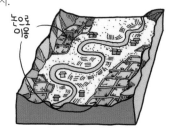

논으로 이용

이곳의 이름을 짓는다면? 자연 제방의 배후 지역에 형성된 습지?! 그래서 이를 **배후습지**라 해.

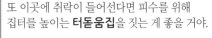

背 後 濕 地
등**배** 뒤**후** 습할**습** 땅**지**

또 이곳에 취락이 들어선다면 피수를 위해 집터를 높이는 **터돋움집**을 짓는 게 좋을 거야.

물론 자연 제방의 취락들도 터돋움집을 짓는다면 더 안전할 테고~

이렇게!

자, 이제 대표적인 지형도를 보면서 정리하도록 하자. 범람원 지형도를 많이들 어려워하지. 실제 지형도가 이론을 100% 재현하지는 않는데다, 최근에는 기술의 발달로 토지의 이용이 자유로워졌고 인공적 설비들을 중심으로 이루어진 변화도 함께 읽어내야 하거든.

하천 바로 양 옆에 과수원과 밭이니 자연 제방, 그리고, 뒤 쪽에 논이니 배후 습지. 이 지형도는 습지?

배후습지		취락
자연제방		도로
		하천
		인공제방
		철도

연습을 좀 더 해보면, 이곳은 낙동강과 남강이라는 규모가 큰 하천이 흐르니 범람원일 확률이 크지. 하천 바로 옆으로 조립질의 자연 제방이 보이네? 뒤쪽으로는 배후 습지일 거야. 월포지 등 하천 외에 푸른 색 부분도 대부분 습지란다.

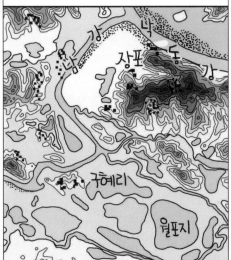

이건 2000년의 지형도인데, 주변 경관이 많이 바뀐 것을 볼 수 있지? 자연 제방 뒤로 인공 제방을 설치해 홍수를 막았고, 배후 습지는 개간하여 논농사를 하고 있어. 취락이 도로를 따라 입지하는 경향이 강한 것도 새로운 변화~

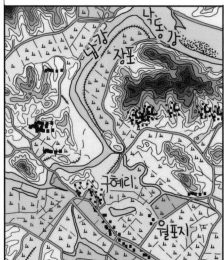

44

충적 평야3—
삼각주

delta

자~ 상류의 선상지와 중·하류의 범람원을 지나 이제 막바지까지 왔다!

강과 바다가 만나는, 하천의 하구에는 그 동안의 퇴적물들을 모두 내려 놓아 퇴적 지형이 형성돼.

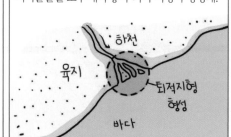

가장 대표적인 것이 나일 강 하구의 퇴적지였는데, 이것이 삼각형을 닮아

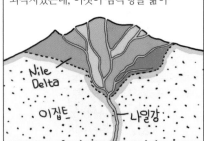

이를 델타, 삼각주라 이름 붙였단다.

三角洲

삼각 퇴적된 땅, 육지 **주**

사주
미주
육대주

그렇지만 실제로 삼각주는 삼각형이 아닌 것이 더 많은데, **하천 하구에 퇴적물이 쌓인 지형은** 크기나 모양에 상관없이 삼각주라고 해.

그냥 그렇대나 보다 하지 말고 왜 강 하구에 퇴적 지형이 생기는지 생각해 보자고.

자, 육지는 언젠가 바다와 만나지. 육지를 흐르던 강도 마찬가지일 테고.

평소 상류에서는 퇴적물의 양이 많지 않으며 조립질이라 얼마 가지 못하고 퇴적되는 반면,

하류에서는 유량이 많고 유속도 꽤 빠르기 때문에 유수가 운반하는 토사의 양이 상당히 많아.

이러다 **강이 바다와 만나는 지점에서는 강이 더이상 흐를 수 없기 때문에** 운반하던 토사를 하구에 넓게 쌓아 놓게 돼.

이때, 강 입구에 퇴적물이 쌓이면 하천은 갈래 갈래로 찢어지기도 하면서 삼각주가 형성되는 거야.

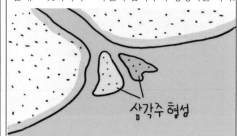

이런 삼각주가 형성되려면 반드시 **하천의 운반력이** 밀물썰물의 힘(조력)보다 커야 해.

하천의 운반력 > 조력

조력이 더 크다면 퇴적 지형이 만들어지기도 전에 바닷물이 쓸어가 버리니까.

다 쓸어가네..
터...

알다시피 우리나라의 황·남해는 조차가 크기 때문에 삼각주가 많지 않아.

대신 갯벌이 많겠지. 지도에서 보듯이~

그나마 조차가 작은 낙동강 하구의 **김해 평야와** 압록강 하구의 용천 평야 정도?

김해평야
김해
부산
남해

삼각주는 하천이 마지막 퇴적물들을 모두 내려놓는 곳이라 **토양이 비옥**하여 **농경지로 이용**된단다.

와~농사 진짜 잘되네

그럼 동해안은? 조차가 작지만, 많은 토사를 운반하고 퇴적할만한 중대형 하천이 거의 없고

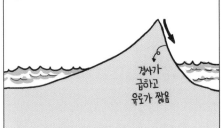

용천평야
하천의 분포
김해평야

경동지형으로 유속이 빨라 하구의 토사들이 바닷속으로 쓸려 내려가며

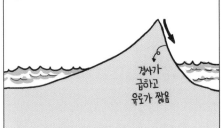

경사가 급하고 유로가 짧음

파도가 강하고 수심이 깊어 역시 삼각주가 발달하지 못했어.

우리가 모두 쓸어갈테닷!
하구퇴적물

여친 생기면 어디가자 할까??

야, 학원 문닫게 생겼어
걍 하얀단구 단구면에서 놀아..
쯧쯧......
범람원 배후습지서 놀던가..

bonus 심바의 보너스* - 충적 지형 사진으로 보기

정말 계곡입구에 부채모양이구나~

선상지 (함경북도 안변군 석왕사)

내집도 이렇게 지을까바..하원에 비쌌는데..

터돋움집 (경기 포천)

물이 안빠지는 미립질 흙이라 이렇게 되거구나~

배후습지 (경상남도 창녕 우포늪)

본문 지형의 바로 그곳! 역시 삼각주는 항공사진으로 봐야 제맛이네~

삼각주 (김해평야)

명명백백 Special 7) 바닷물 관련된 용어 정리

이 용어들은 모두 바다나 바닷물에 관한 것들이야. 비슷하면서도 초점을 어디에 두느냐에 따라 분명 차이가 있으니, 명명백백식으로 한꺼번에 엮어 보자고!!

해양** 海(바다해)/洋(바다양)　　　　　　　　　　　　　　　　　sea

뒤에 나올 용어들이 바닷물이나 그 흐름을 말하는 거라면, 해양은 그냥 **'바다'**야. 태평양, 인도양, 대서양처럼 큰 바다는 대양(大洋)이라고 하지. 해양은 지구의 거대한 가슴기이며 에너지를 순환시켜 기후를 조절해. 생태계의 균형을 맞추고 육지 물질을 받아들여 정화하지. 또 수많은 자원의 보고이며 세계를 연결하는 통로이기도 하다는 것쯤은 기본으로 알고 가자고~

해수** 海(바다해)/水(물수)　　　　　　　　　　　　　seawater, saltwater

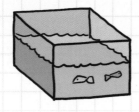

해수야 뭐 바닷물이지. '바다를 이루고 있는 물(seawater)', 그 반대말은 육수(inland water)가 되겠지. 이는 하천수나 호수 등일 거야. 또는 해수가 바닷물의 성질을 뜻하기도 하는데, 바닷물은 기본적으로 육지의 물과는 다르게 짜잖아! saltwater라고. 이때, 해수의 반대말은 민물, 한자어로는 담백할 담(淡)을 써서 담수(淡水)라 하지. 담수는 영어로 freshwater야.

해류** 海(바다해)/流(흐를류)　　　　　　　　　　　　　oceanic current

해류는 **'바닷물의 흐름'**이야. 얼핏 보기엔 거대하게 하나인 듯한 바다도 사실은 지역이나 수심에 따라 염분, 밀도, 수온 등이 달라. 그래서 이들은 같은 성질을 가진 해수끼리 **덩어리를 형성하며 바람이나 해저의 경사 등의 영향으로 연중 일정한 방향을 갖고 흐른단다**. 이를 해류라고 하고, 해류는 항해, 기후, 수산업 등에 큰 영향을 미쳐. 이 해류를 한 글자의 한자로 **조(潮)**라 하기도 해. 해(海)가 바다 자체를 가리킨다면, 조(潮)는 바닷물 혹은 바닷물의 흐름에 초점을 맞춘 한자야. 영어로 구분하자면 해(海)는 sea 혹은 ocean으로, 조(潮)는 seawater 혹은 current로 번역될 수 있겠지? (이정도 영어는 문제 없는 거지? -.-;;)

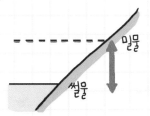

조석** 潮(밀물썰물조)/汐(밀물썰물석) tidal movement

방금 전에 조(潮)는 바닷물이나 그것의 운동을 말하는 한자라고 했잖아. 그래서 조(潮)는 **밀물·썰물**을 뜻하기도 해. 그리고 조(潮)와 비슷한 한자로 석(汐)이 있는데, 이 둘을 합해 조석(潮汐)이라 하면 달의 **인력에 의한 해수의 상하 운동**을 가리킨단다. 밀물·썰물이 나타내는 운동, 그 **움직임**에 초점을 맞춘 말이라고.

조류** 潮(밀물썰물조)조수/流(흐를류) tidal current

조류는 **밀물과 썰물의 흐름**이야. **조석(潮汐)**은 움직임이고 **조수(潮水)**는 밀물과 썰물의 water 자체를, **조류(潮流)**는 조석에 의해 조수가 이동하는 흐름을 말하는 거야. 좀더 확장해 보면 밀물은 가득 찰 만(萬)을 써서 만조(滿潮)라 하고, 썰물은 물 빠질 간(干)을 써서 간조(干潮)라고 해. 그리고 이 **만조와 간조의 차이를 조수 간만의 차(差)**라 하고 그냥 짧게 줄여서 **조차(潮差)**라고도 하지. 뭐 다 알고 있는 것들이긴 하겠지만 한꺼번에 정리해 두자고.

연안류** 沿(물따를연)연해, 연변/岸(언덕안)해안, 하안/流(흐를류) coastal current

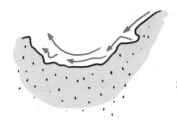

연안류는 아주 중요한 건데도 많은 학생들이 어설프게 알고 있는 부분이야! 그러니 집중! 연안류란 **해안을 따라 이어지는 흐름**이란 뜻이야. 바닷가에서는 **해안선과 거의 평행하게 해안을 따라서 바닷물이 흐르거든.** 이를 연안류라 해. 비록 해안에서 작용하더라도 연안류와 조류는 전혀 달라. 조류는 하루에 2회 밀물과 썰물이 천천히 반복되는 것이고 연안류는 **파도의 에너지가 바닷가에 부딪혔다가 해안을 따라 흘러가는** 거라고. 황해는 조류의 작용이 우세하지만 동해는 조차가 거의 없어 이 연안류가 우세해.

파랑** 波(물결파)/浪(물결랑) wave

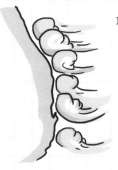

파(波), 랑(浪), 도(濤) 모두 '물결'이란 뜻이긴 하지만 정확한 정의로 파랑과 파도는 조금 달라. **파도가 해안선에 와서 부딪힐 때, 그래서 지형에 에너지를 전달할 때 그 물결을 파랑**이라고 해. 그래서 저 멀리서 다가오는 물결은 파도지만 아직까지 파랑은 아니란 말이지. 이 구분이 크게 중요한 건 아니야. 그냥 파도라고 생각해도 문제 푸는 덴 지장이 없으니까. 파도(파랑)는 주로 먼 바다에서 바람에 의해 생성되어 여러 가지 변형의 과정을 거친 뒤에 육지로 전파되어 오는 것으로 해안의 침식 및 퇴적을 일으키는 직접적 원인이란다.

45

해안선

coastline

이제부터 바닷가로 가볼 텐데, 우선 바다와 육지가 맞닿는 선인 해안선부터 살펴보자.

우리나라는 동해안과 황·남해안의 특성이 매우 대조적이야. 황·남해안은 침수해안, 동해안은 이수해안의 모습을 보여주거든.

우선 **침수해안**이란 물에 잠긴 바닷가란 뜻이지?

沈 水 海 岸

잠길 **침**　물수　　해안

침몰
침체

원래 바닷물에 잠기지 않았던 곳이 잠기려면?

지반이 침강하거나 해수면이 상승해야 할거야. 그래서 이를 **침강 해안**이라고도 해.

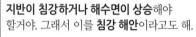

육지 위에서는 다양한 침식 작용에 노출되기 때문에 지면이 대체로 울퉁불퉁 하잖아.

따라서 육지였던 부분이 바닷물에 잠기게 되면 대체로 복잡한 해안선을 이루게 돼.

리아스식 해안이 그 대표적인 것이지만 피오르드도 함께 알아두면 좋아.

반대로 **이수해안**은 물과 분리된 해안이란 뜻이야.

離 水 海 岸

분리될 **이**　물수　　해안

이별
분리

침수해안과 반대로 원래 바닷물에 잠겼던 곳이 물과 분리되려면?

지반이 융기하거나 해수면이 하강하면 되겠지.

육지 부근의 해저는 다양한 지형 형성 작용들에 노출되지 않고 퇴적물의 침전으로 비교적 평탄해.

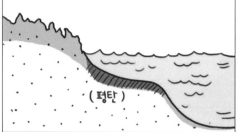

(평탄)

이런 지형이 융기하거나 해수면이 후퇴하면 이 평탄한 지형이 드러나면서 단조로운 해안선을 이루게 되겠지.

우리나라의 동해가 바로 경동성 요곡운동으로 동쪽이 융기했으니 이수해안의 모습을 보이고 있겠지?

46 리아스식 해안

rias coastline

이렇게 자주 쓰면서도 '리아스식 해안'의 진짜 뜻을 알고 있는 사람은 몇이나 될까?

까똑! 지이이
리아스식
해안이 문제
까똑!
까똑

리아는 옛날 에스파냐 북서부(갈리시아 지방)에서 쓰던 말로 '바다와 만나는 강의 하구'를 가리키는 단어였어.

리아!

이곳에는 수많은 Ria들이 반복되어 복잡한 굴곡을 이루고 있으므로 Rias는 Ria의 복수 형인 것이지.

Rias!

스페인

바다를 향해 흐르는 하천들이 V자 모양으로 침식하고

여기에 바닷물이 들어차면 찌글찌글한 해안선과 수많은 섬들이 형성된 거야.

특히 해안선과 산맥이 교차하는 경우에는 바닷물이 깊숙이 들어와 만과 곶이 반복되는, 매우 복잡한 해안선이 돼.

그런데 이러한 지형이 우리나라, 일본 등 곳곳에서 나타나는 것을 보고

원조 Rias보다 더 심해!

이들을 '리아스식 해안'이라고 하는 거란다.

Rias式 해안

영어

한자

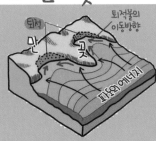

만* 곳*

만 : 灣 : gulf, bay / 곳 : 串 : cape

만* 곶*

만 : 灣 : gulf, bay / 곶 : 串 : cape

굴곡이 있는 해안선에서, **바다가 육지 쪽으로 쑥 들어와 있는 부분을 만(灣)**이라 하고 **육지가 바다 쪽으로 튀어나온 부분을 곶(串)**이라 해. 둘 다 그렇게 생긴 지형을 뜻하는 한자어지. 이제 영일만•아산만이니 호미곶•갑곶•월곶이니 하는 말을 들으면 어떤 지형인지 그릴 수 있겠지? 튀어나온 곶에서는 파랑이 부딪치며 침식이 잘 일어나고 쑥 들어가 만에서 퇴적지형이 발달하는 것이 일반적이야.

47 피오르

fjord

피오르(Fjord)는 노르웨이어로 아예 **'빙하로 인해 침식된 골짜기가 침수되어 생긴 해안'**이란 뜻이야.

왜 에스키모에는 눈을 가리키는 단어만 백개가 넘는다잖아.

노르웨이처럼 빙하의 영향을 많이 받은 나라에서는 빙하와 관련된 단어들이 잘 분화되어 있겠지.

빙하가 덮고 있는 곳도 빙하기 이전에는 물이 흘렀던 곳이므로 V자 모양으로 침식되었던 곳이었어.

그런데 빙하는 움직이지 않는 것처럼 보이지만 서서히 흘러내리며 움직인단다.

단단한 고체인 빙하가 움직일 때는 강한 힘으로 V자의 절벽을 깎아 내듯 침식하고

후퇴하거나 녹으면서 빙하가 퇴적시킨 퇴적물이 남기 때문에 바닥은 평평하고 벽이 가파른 **U자곡** 형태가 되지.

그래야 움직이는 빙하와의 마찰을 최소화할 수 있거든.

쉽게 설명하면 땅을 돌멩이로 긁어서 파봐. U자가 되지 않겠어?

이 U자 곡을 따라 바닷물이 차면 **좁고 깊은 만**이 형성될 거야.

이렇게 형성된, 크고 아름다운 만이 노르웨이에 매우 많기 때문에 이를 노르웨이어 그대로 피오르라 하게 된 거야.

봐. 리아스식해안과 비슷하지? 그렇지만 여기는 V자 곡이 아닌 U자곡에 바닷물이 찬 거라 리아스식 해안보다 더 깊고 경사가 가파르단다

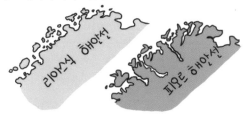

노르웨이나 캐나다, 뉴질랜드 등 빙하의 영향을 많이 받았던 곳에서 나타나는데, 그 절경이 매우 아름답기 때문에 관광지로 이용되지.

만국아 그냥 포기하고 나랑 가자 내가 그 포즈 제대로 취해줄게

bonus 심바의 보너스* - 세계의 해안지형 사진으로 보기

리아스 해안 (스페인 갈리시아)

이수해안 (해식애, 시드니)

피오르 (노르웨이)

피오르 (알래스카)

48 동해안

the eastern coast of Korea

이번엔 동해안과 황·남해안의 특성을 더 자세히 비교해 보도록 하자.

해안선의 형태부터 **동해안은 단조롭고** 황해와 **남해안은 복잡**하고 섬이 많잖아!

가장 큰 이유는 **동해안은 산맥과 해안선이 평행**하고 황·남해안은 **직교**하기 때문이란다.

산맥의 방향

경동성 요곡운동으로 **동해안은 높고 험준한 산맥이 해안선과 평행하게 형성**되었고

융기

후빙기 해수면 상승으로 침수되었던 곳이, **하천의 퇴적으로 대부분 충적지로 바뀌었어.**

서호 이래서 없어지는 거지

또한 동해는 파랑과 연안류가 강해 **튀어나온 부분은 파랑이 깎고 들어간 부분은 침식물로 메꿔지면서**

① 침식하고 (해애등 형성)
② 연안류 따라 이동
③ 퇴적(사빈 형성)

단조로운 해안선을 이루게 된 거란다. 오늘날 충적지는 주로 농경지나 시가지로, 사빈은 해수욕장으로, 암석 해안은 관광지로 이용돼.

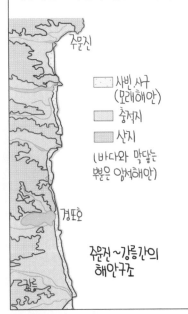

주문진

☐ 사빈·사구 (모래해안)
☐ 충적지
☐ 산지

(바다와 맞닿는 뿐은 암석해안)

경포호

강릉

주문진~강릉간의 해안구조

비교적 단조롭다고 하더라도 해안선은 어쨌거나 튀어나온 만과 쏙 들어간 곳(반도)의 연속이야.

곶 (반도)
만
곶 (반도)
만

반도(半島)는 절반만 섬이란 뜻으로 곶과 같은 말로 보면 돼~

곶에서는 파랑이 부딪혀 침식이 잘되고, 만에서는 그 침식물이 연안류를 따라 퇴적되겠지.

퇴적
만
곶
퇴적물의 이동방향
파의 에너지

그래서 해안은 침식으로 노출된 **암석 해안(기반암 지대)**과 **모래 해안(사빈)**이 번갈아 분포하게 마련이야.

동해안의 모식도

다만 파랑과

수심이 깊고 가로막는 섬들이 없어 우리가 활동하기 좋다고~

연안류의 작용이 활발한 동해안에서 특히 발달되었을 뿐이지.

연안류는 해안선과 평행한 흐름이라 해안선이 너무 복잡하면 이해질 수 밖에..

그래서 동해안에 다음과 같은 지형이 잘 나타나. 각 지형에 대해서는 뒤에서 자세히 공부하게 될 거야.

암석해안	모래해안
해식애	사빈
해식동	사주
파식대	석호
⋮	⋮

복습이 중요하댔지?
그럼!

곶 고지
만

49 황·남해안

the western & southern
coast of Korea

반면 황·남해안은 **구릉성 산지들과 골짜기들이 해안선과 직교**한 상태에서

해수면이 상승했기 때문에 동해안보다 해안선이 훨씬 복잡할 수밖에 없어.

특히 앞에서 언급했듯이, 산지 사이의 넓은 하곡이 침수 되면서

전형적인 **리아스식 해안**을 이루고 있지.

산 정상이 섬이 된거라 저 윗사람 지질구조가 같아.

노령 산맥과 소백 산맥이 끝나는 전라 남도의 해안선을 봐. 장난 아니지? ^^;;

또한 황·남해안은 **수심이 얕고**

평균 수심
남해:101m
동해:1,684m 황해:44m

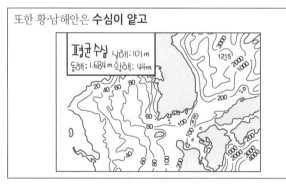

조차가 커서 강들은 대부분 **감조 하천**이고 밀물과 썰물 때 잠겼다 드러났다 하는 부분이 넓게 나타나.

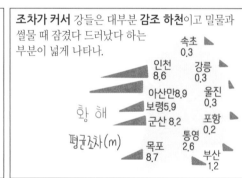

속초 0.3
인천 8.6 / 강릉 0.3
아산만8.9 / 울진 0.3
보령5.9 / 포항 0.2
군산 8.2 / 통영 2.6
목포 8.7 / 부산 1.2

황 해

평균조차 (m)

그 대부분이 **갯벌**인데 섬 뒤쪽이나 만 안쪽, 그리고 큰 하천의 하구에서 **토사**를 **많이** 유입받는 곳에 특히 발달하지. 물론 파도의 영향을 직접 받는 곳에는 **사빈**도 형성되어있어.

또, 조차가 작거나 하천 퇴적물의 유입이 적은 곳에서는 **파식대**가 드러나기도 하는데,

파식대는 파도가 침식하여 평평해진 암석해안으로 뒤에 또 나와~

경사가 완만하다보니 동해안의 파식대보다 그 면적이 넓은 것이 특징이야.

파식대
파식대

(황 해)   (동 해)

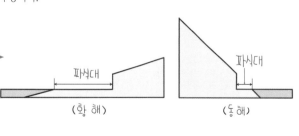

조차를 극복하기 위한 특수 항만 시설인 **뜬다리 부두**나 (부두는 배를 정박하고 여객이나 화물이 타고 내릴 수 있게 한 곳인데, 뜬다리 부두는 이 부분을 물에 띄우고 육지와 다리로 연결하는 거야.)

갑문식 독 등은 황해안에서만 볼 수 있는 시설이지.

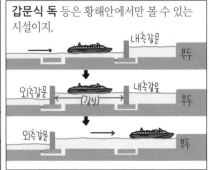

갑문식(수문식) 독은 외항과 내항에 두개의 수문을 설치해 일정 수위를 유지하도록 하여 큰 배도 정박할 수 있도록 하는 거야.

지금까지 배운 동해안과 황·남해안의 비교를 표로 정리해 두자!

동해안	황·남해안
• 단조로운 해안선 (∵해안선과 산맥평행 + 파랑 연안류↑)	• 리아스식 해안 (∵해안선과 산맥 직교)
• 암석해안 발달(∵파랑침식↑) 파식대,해식애,해식동 등	• 갯벌발달(∵조류 + 하천미립 퇴적물 공급)
• 모래해안 발달(∵파랑침식 + 하천 사빈,사주,석호 등 침식물 퇴적물 공급)	• 감조하천 • 갑문식 독, 뜬다리 부두

그런데 아쉽게도 동해나 황·남해 모두 무분별한 개발로 해안선이 단조로와지고 해안이 크게 침식되는 등 몸살을 앓고 있어.

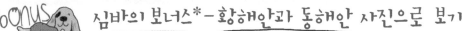
심바의 보너스* – 황해안과 동해안 사진으로 보기

동해안

서해안의 파식대

갑문식 독(인천)

뜬다리 부두(군산)

50
해안 침식 지형1 –
해식애와 해식동

wave-cut cliff & wave-cut cave

하천이 활발한 침식 작용으로 여러가지 지형을 만든다는 것은 배웠지?

바다 역시 활발한 침식 작용으로 특유의 지형을 만들어 나간단다.

이는 끊임없이 부딪혀 오는 파도에 의해 이루어지므로

바다가 침식하는 해식과 파도가 침식하는 파식은 같은 의미야.

"해식 = 파식"

영어로는 쉽게 wave-cut 이라고 하지

해안 침식 지형들은 바닷가에 파도가 치면 어떻게 될지 시나리오를 짜보면 모두 줄줄이 이해할 수 있어.

자, 여기 바닷가에 파도가 친다~

오랜 세월 **파도가 닿는 부분은 계속 침식되어**

절벽이나 동굴 모양을 만들게 될 거야.

이를 바다가 침식하여 만든 절벽과 동굴이니 **해식 절벽, 해식 동굴**이라 하겠지.

海 蝕

바다 **해** 갉아먹을 **식**

절벽 / 동굴

해식 동굴을 **해식동**이나 **해식굴**이라고 줄여 말하기도 하고.

洞 = 窟
동굴 **동** 동굴 **굴**

'동굴'이 한자였어? 넌 알았어??

그럼 해식애는 뭐냐고? 해식 절벽을 한자로 표기한 거지 뭐~

崖
절벽 **애**

다구애
서산마애 삼존불상

참, 해식애가 지형도에서 다음 기호로 표현 된다는 것도 지도 기호 편에서 했는데 기억나니? 물어 미안~

해식애

울 릉 읍

해식동(굴)은 홍도의 석화굴, 독도, 마라도 등이,

해식애는 거제의 해금강과 부산의 태종대, 동해의 낙산사 등이 유명하단다.

오예~

해...시...제...? ㅋㅋ

화학끝나고 국사시간인가?.. ㅋㅋㅋ

51

해안 침식 지형2-
파식대

wave-cut platform

자자, 까먹기 전에 파도를 더 따라가보자.

야야, 답사가자

파도가 계속 부딪치면서 해식 동굴이 깊어진다면?

파도의 침식

절벽 기저*부 위쪽이 무너지면서 후방으로 새로운 절벽이 생기겠지.

와르르

이렇게 해식애는 시간이 지날수록 점차 육지 쪽으로 후퇴하는 운명을 타고났단다.

과거의 해식애

현재의 해식애

그러면 **후퇴하는 해식애의 앞부분에는 파도가 침식하여 암석으로 이루어진 편평한 지형이** 생기게 돼.

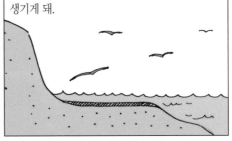

이를 **파도가 침식하여 만든 대** 란 뜻으로 **파식대**라고 하지.

波 蝕 臺

물결 **파**　갉아먹을 **식**　대 **대**

파도　　침식　　무대
　　　　　　　　축대
　　　　　　　　받침대

대(臺)는 평평한 단 같은 것을 의미한다고.

무대
축대
받침대

파식대는 땅 地(지)를 붙여 파식 대지 라고도 하는데, 그러면 다음은 모두 같은 뜻이겠지?

파식대
= 파식 대지
= 해식대
= 해식 대지

그런데 파식대를 형성하는 과정에서 일부 강한 부분은 침식되지 않고 남아 돌출부를 남기기도 해.

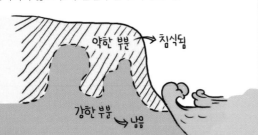

약한 부분 → 침식됨

강한 부분 → 남음

특히 막대기처럼 길게 튀어나온 것을 **시스택**(Sea Stack)이라 해.

강한자만이 살아남는다!

Stack은 쌓아 올려서 세로로 긴 것을 뜻하는 단어거든.

coin stack

500
100

또 어떤 것은 가운데가 뚫린 아치 모양을 하기도 하는데, 말 그대로 **시아치**(Sea Arch)라 해.

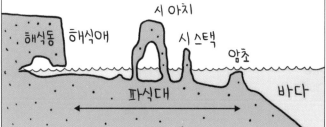

그리고 **암초**는 그보다 규모는 작지만 수면 밖으로 나오거나 수면 바로 밑까지 돌출된 부분이야.

暗 礁

어두울 **암** 암초 **초**

해식애, 해식동, 파식대 등 해안 침식 지형은 **바다로 돌출된 암석 해안에 잘 발달**하며

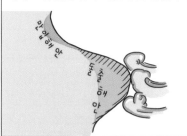

절경을 이루어 **관광지**로 이용돼. 어때? 이름만 들어도 낯익지?

서해안에서도 넓게 파식대가 드러날 수 있다고 했지?

(부안 채석강)
변산반도

낙산사
울릉도
태종대
해금강

기저*

基 (기본 **기**) / 底 (바닥 **저**) : floor

기저를 직역하면 **근본이 되는 바닥**! 쉽게 **아랫 부분**을 뜻해. 굳이 어려운 한자어를 써 본 것 뿐이라고. 그 바닥 부분의 암석을 가리킬 때는 기저암 혹은 기반암이라고 했는데.. 기억 나지? 돌침대라고 했잖아~

52

해안 침식 지형3-
해안 단구

coastal terrace

단구는 앞에서 했으니 잘 알지?

네??
언제 당구를
했다고요?

아씨.. 그날 잤나..
아쉽네..

그럼 해안에는 또 왜 계단 모양의 지형이 생겨나게 된 걸까?

자자, 파도의 침식 시나리오를 계속 연결해보자

파도의 침식 작용으로 파식대가 형성된 뒤에

파식대

이 해안이 융기하거나 해수면이 낮아지면 파식대였던 편평한 지형이 수면 위로 드러나겠지?

와-
물밖이다~!

융기 혹은 해수면 하강

그러면 파도는 그 밑의 부분을 깎아내 다시 파식대를 만들고, 또 융기하고 깎아 내고…

또 깎냐?

이렇게 해서 계단 모양의 해안 단구가 형성되는 거야.

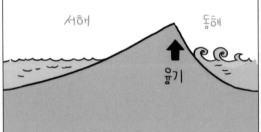

침식의 원인이 하천이 아니라 파도라는 점이 하안 단구와 다르지만

하천   파랑

역시 **지반이 융기하거나 해수면이 하강**해야 단구 지형이 생성되는 공통 원리는 기억하길 바래.

지반융기
해수면 하강

동해안이 융기량이 많고 파랑도 강하다 했으니, 해안 단구는 **동해안에 발달**되어 있겠지?

서해   동해

융기

해안 단구의 **단구면은 평탄하여 주거지나, 농경지, 교통로**로 이용될 수 있다는 것도 알아두자.

지형도에서 해식애 기호와 넓은 등고선이 함께 보이면 보나마나 해안 단구!

bonus 심바의 보너스*-해안 침식 지형 사진으로 보기

바위 win
파도 lose~

언제가 이 위에서
만국을 갸 확~!

시스택(백령도)

해식애(강원도 양양)

경치 죽인다~
저 섬에서
낮잠한판
때릴까?

해식동(제주도 범섬)

융기+침식이
단구의 원리!

해안단구(정동진)

53

해안 퇴적 지형1-

사빈

sand beach

침식된 물질은 어딘가 쌓이기 마련.

헥헥

어디
내려놔야
하는데...

그 파도를 따라가다보면 해안 퇴적 지형을 만날 수 있게 되겠지.

파도도 역시 하천 못지않게 활발한 퇴적 작용을 한다고.

해식애, 해식동
파식대,
해안 단구…

사빈, 사구
사취, 사주
석호…

일단, 바닷가에 가 보면 모래 사장이 펼쳐져 있지?

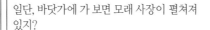

이들은 강에서부터 운반되었거나 파도의 해안 침식 과정에서 생긴 모래들이 바닷가에 퇴적된 거야.

하천이 퇴적한 모래

파랑이 퇴적한 모래

이 모래 사장을 굳이 한자어를 써서 **사빈**이라 하는데, 정말 별거 아니야. 모래로 된 물가 란 뜻이지--;;

沙 濱

모래 **사**　물가 **빈**

백사장　　해빈
　　　　　사빈

빈(濱)이 좀 생소하긴 하지만 '물가'라는 뜻이야

동해는 유로가 짧다 보니 침식되는 시간도 짧아서 **하천으로부터 미립 물질보다는 모래가 많이 공급되고,**

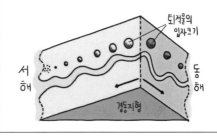

퇴적율의 입자크기

서해

동해

경동지형

파랑과

수심이 깊고 가로막는 섬들이 없어 우리가 활동하기 좋다고~

연안류의 작용이 활발해서 큰 규모의 사빈이 많이 발달했어.

① 침식하고

② 연안류따라 이동

③ 퇴적(사빈 형성)

잘 알다시피 **해수욕장**으로 이용돼.

송천 해수욕장
설악 해수욕장
낙산 해수욕장
하조대 해수욕장
주문진 해수욕장
경포대 해수욕장
동명 해수욕장
옥계 해수욕장
삼척 해수욕장
맹방 해수욕장

사빈 답사라더니… ㅋ, 큰피!

54

해안 퇴적 지형2-

사구

sand dune

이 사빈에 바람이 강하게 불면, 바람이 모래를 날려

사빈

사빈에서 조금 떨어진 곳에 쌓아 놓게 돼.

사빈

이때 경사가 비대칭적인 언덕을 만들어.

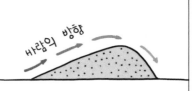

이 모래 언덕을 **사구**라 하지.

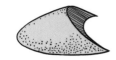

沙 丘

모래 **사** 땅, 언덕 **구**

백사장 구릉

물론 사구는 사막, 사빈 등 모래가 많은 지역에 발달하겠지만

여긴 걍 사구 천지~

오히려 북서 계절풍이 강하게 부는 황해안에

내가 강해야 모래가 이동하지!

태안 신두리 해안 사구

(국내 최대 규모)

동해보다 사빈이 적음에도 불구하고 규모가 큰 사구가 많아.

태안 신두리 해안 사구

(국내 최대 규모)

충청남도

사구는 해풍이 사빈의 모래를 이동 시키는 것을 막아줌으로써 **사빈의 모래량이 유지**될 수 있도록 해 준다.

해일의 피해를 방지하거나 감소시키는 장점도 있지.

말레이시아 대해일 때도 내가 없어서 피해가 컸지

그밖에 야생화, 지하수 보존 등 **생태학적 가치**가 높은 곳이라,

우린 또 사구에서만 살아요!!

최근 각국에서는 사구의 연구와 보존에 힘쓰고 있어.

야생화의 보금자리

태안 신두리 사구 보존하라

사구를 살리자!

그러나 사구의 모래가 육지 쪽으로 끝없이 불어 들면 농경지가 매몰될 수 있어서,

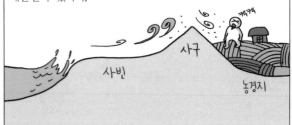

사빈

사구

농경지

이를 방지하기 위해 나무를 심지.

이름을 붙인다면 **방풍림**, 혹은 **방사림**이라 할 수 있겠지?

防風林
防沙林

덤벼!

55 해안 퇴적 지형3—사주

sand bar

자자, 퇴적물을 나르는 파랑을 계속 따라가 보자.

사빈, 사구... 그리고?

연안류와 하천으로부터 끊임없이 퇴적물이 공급되다 보면

하천

연안류

어떤 부분에서는 특별히 퇴적물이 바다 쪽으로 더 길게 뻗어 나오기도 해.

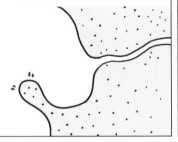

이렇게 **바다를 향하여 모래가 둑처럼 길게 퇴적되어 있는 것**을 **사주**라 해. 주(洲)는 흐르는 물에 의해 퇴적된 토사가 만든 땅을 말하는 한자거든.

캬~ 경치 좋고~

sand bar

沙 洲

모래 **사**　퇴적된 땅 **주**

삼각**주**

영어로는 sand bar! 왜 우리가 앞을 가로막고 있는 것을 bar라고 하잖아.

오오오오오

내 bar는 헐거운거 같아

SAFETY BAR

해안선과 평행하게 물가를 따라 형성된 것은 특별히 **연안 사주** 라고 하겠지.

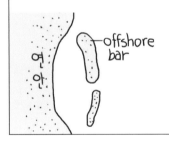

연안

offshore bar

뭐? 연안이 뭐냐고? 물길을 따라가는 땅! '물가'잖아!

沿 岸 沙 洲

물길따를 **연**　언덕 **안**　　사주

해**안**

하**안**

또 사주 중에 한쪽 끝이 구부러진 것이 **사취**야.

이 곳을 모래 퇴적물이 새부리처럼 튀어나왔다고 해서 붙여진 이름이지.

sandspit

나 불렀어?

沙 嘴

모래 **사**　부리 **취**

조금 생소하지만 취(嘴)가 '부리' 라는 한자야~

입 구(口)와 뼈 가(角)이 들어있네~

으아아.. 이 십장생아! 아까 헐겁댔다! 그랬잖아...

흑

56

육계사주와 육계도

tombolo &
land-tied island

사주 중 어떤 것은 우연히 섬과 만나서 육지와 섬을 연결하기도 해.

사주·사취
어어…
닿는다 닿아–
육지

섬은 파랑을 막아서

사주·사취
육지

뒤쪽으로 퇴적작용이 활발하기 때문에 사주와 만나기 쉽거든.

사주·사취
파도가 잔잔하니 여기에 정착하자
육지

이때의 사주를 육지와 연계된 사주라는 뜻으로 육계 사주라 하고,

陸 繫 沙 洲
육지**육** 연계될**계** 사주

연결된 섬은

육지와 연계된 섬이라는 뜻으로 육계도라 해.

陸 繫 島
육지**육** 연계될**계** 섬**도**

바다와 섬이 연결되어 관광지로 이용되기에 좋으며 제주도의 성산 일출봉이 대표적인 육계도야.

이야~ 멋들어졌다!
바다 가운데를 건너구만

육계장이 아니라 육개장이야. 원래 개고기로 만들었거든.

그럼, 육계장은 무슨 뜻이냐?

만득이, 이 십장생…

못 먹겠다…

57

석호

lagoon

후빙기에 해수면이 상승하면 골짜기가 침수되면서 만이 여럿 형성되고

만의 전면부에는 연안류의 퇴적 작용이 활발하여 사취, 사주 등이 발달하지.

만의 입구가 막혀갈수록 그 내부는 점점 호수가 되겠지?

그러나 이곳은 여전히 수로로 바다와 연결되거나 지하에서 해수가 섞여 들어가 염분 농도가 높아

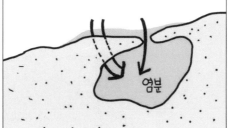

그래서 농업용수 등으로 사용할 수 없고 갯벌처럼 염분이 높은 습지가 존재하지.

그렇기 때문에 갯벌이라는 뜻의 석(潟)자를 써서

호수는 호수인데 **갯벌 호수**란 뜻으로 **석호**라 한단다.

潟 湖

갯벌 **석**　호수 **호**

간석지

황해의 석호들은 대부분 하천에서 유입되는 퇴적물로 매립되었는데

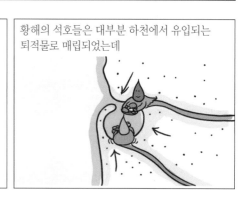

동해안에는 유입되는 하천은 규모가 작아 석호가 발달해 있지.

이곳들은 관광지나 철새의 도래지로 사랑받았지만,

환경오염과 개발, 농경지 조성을 위한 인위적 매립 등으로 본래의 모습이 많이 훼손되었어.

또 동해안의 석호라 하더라도 인위적으로나 지반의 융기로 인해서 바다와 완전히 분리되면,

하천에서 흘러드는 퇴적물로 인해 시간이 지나면 호수의 크기가 축소되고 점차 매립된단다.
경호(=경포호)의 지도를 봐, 예전 크기의 반 정도 밖에는 안된다고.

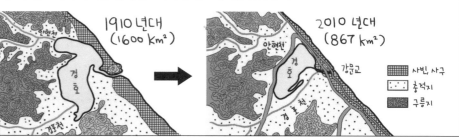

해안 퇴적 지형6-
간석지

tidal land

잘 알고 있듯이 간석지는 **갯벌***이야.

하천에 의해 운반된 마지막 미립 퇴적물이 조류에 휩쓸려 퇴적된 습지이지.

이때 간(干)은 Special에서도 다루었듯이 물이 빠지는 것을 말해.

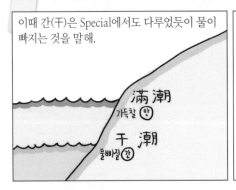

그러니 군이 한자어를 풀자면 **물이 빠질 때 (썰물 때) 개펄이 되는 땅**이야.

干 潟 地
물빠질 **간**　개펄 **석**　땅 **지**
간조　　조석
　　　　석호

조차가 큰 황해에 넓게 발달하고

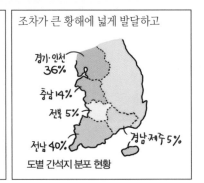

도별 간석지 분포 현황

조개류의 **양식장이나 염전, 관광지** 등으로 이용되는 것 정도는 다 알고 있지?

한때는 이 곳을 매립해 농·공단지 등으로 조성하는 간척 사업이 대단한 발전인 것처럼 생각되었지만

지금은 생물 다양성이나

해수의 정화 기능 등

생태학적 보존 가치가 훨씬 크다고!

거기다가 간석지는 **홍수시 물을 저장**하거나

해일이 발생할 때 일차적으로 에너지를 흡수하여 **재해의 피해를 줄이는 역할**까지 하고 있단다.

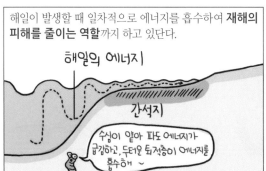

그래서 간척 사업을 둘러싼 찬반 논쟁이 끝이질 않아.

간척 사업에 대해서는 인문지리편에서 다시 다루도록 할게~

갯벌*

명명백백 more

갯벌을 한자로 석(潟)이라 하는 것은 석호나 간석지를 보면 알겠는데, '갯벌'이란 말은 어디서 온 걸까? 이를 알려면 먼저 '개'를 알아야 해. '개'는 하천인데도 바닷물이 드나드는 곳, 즉 **하천이 바다와 만나는 강의 하구**를 말해. (참고로 이 '개'를 한자로는 포(浦)라고 한다.) 갯벌은 개에 넓은 벌판을 의미하는 '벌'이 붙은 건데, 개에 넓은 벌판이 생기려면 조수간만의 차가 큰 곳에 개흙이 넓게 퇴적된 곳이어야 하지. 이게 간석지(갯벌)이야. 개펄이나 개뻘은 이 개+벌이 좀 격하게 발음된 거고^^;; 어때? 이름만 봐도 **하천의 미립 퇴적물이 조류에 의해 하구에 넓게 퇴적된 지형**인 걸 알 수 있지?

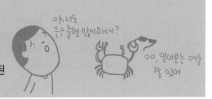

심바의 보너스*-해안 퇴적 지형 사진으로 보기

간석지 (한산도)

석호(경포호)

육계도(제주도 성산일출봉)

사구(태안반도)

59

해저 지형

submarine landforms

이번엔 바닷 속으로 들어가 보자. 우선 대륙과 가장 가까운 곳부터 살펴볼건데..

어, 만국이다...

혹시 선반을 의미하는 붕(棚)이라는 한자를 아니? 음.. 물어서 미안~

木朋
선반 붕

shelf

'대륙붕'이라고 들어봤지? 이게 대륙의 선반이란 뜻으로,

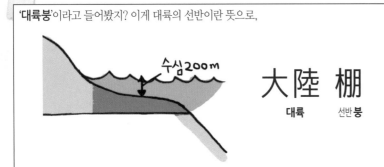

수심200m

大陸 棚
대륙 선반붕

바닷 속에 들어가자마자 수심 200m까지의 지형으로, 경사가 완만하여 거의 평지처럼 보이는 육지 지각의 일부야.

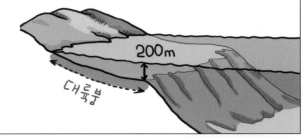

200m

대륙붕

육지 지각의 끝부분에 매달린 것처럼 보여 대륙의 선반으로 불리지.

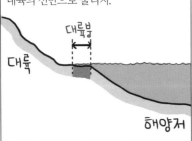

대륙붕

대륙

해양저

왜 선반도 말하자면 벽에 까치발을 달아 매단 것이잖아.

대륙붕에는 육지로부터 공급된 영양 염류가 많고 햇빛이 비쳐 플랑크톤이 풍부한데

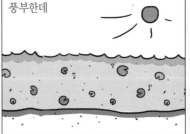

이는 곧 수산자원이 풍부한 요건이 되지.

먹을게 많구나

거기에 각종 광물 자원이 매장되어 있어

석탄·석유
천연 가스
칼륨, 구리
철, 텅스텐

배타적 경제 수역 뿐만 아니라 대륙붕도 연안국의 갈등이 있지.

우리 대륙붕이 연장된거라고!

EEZ싸움에 대륙붕 싸움까지...

황해와 남해의 대부분이 대륙붕인 우리 나라도 개발에 힘을 쏟고는 있는데,

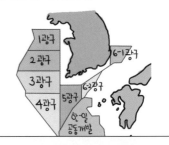

1광구
2광구
3광구
4광구
5광구
6광구
6-1광구
6-2광구
한·일
공동개발

솔직히 지금까지는 매장 자원의 개발에 대한 경제성이 크지 않아 고군분투하고 있는 상황이야.

한편 바닷 속에 더 들어가면 말이야, 수심 4000~6000m의 물 속에 가려져서 모를 뿐이지 수많은 바다 산맥들이 발달해 있어. 다양한 기복이 있다고.

이 전체적인 대륙의 바닥 지형을 바닥 저(底)를 사용하여

해저 저력 저변

대양저라해. 쉽게, 대양의 바닥 지형이란 뜻이지.

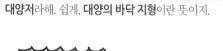

大洋 底
대양　바닥 저

대양저까지 다다르기 위한 경사면은 대륙의 기울어진 면, 즉 대륙 사면이라고 한다는 것도 알아두자.

大陸 斜面
대륙　비스듬할사 면 면

그리고 앞에서 했지만 지각이 생성되면서 산맥처럼 솟아오른 부분을 해령,

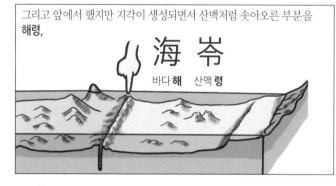

海嶺
바다해　산맥 령

반대로 지각판이 밀려 들어가면서 매우 깊숙히 들어간 이 부분을 해구라 해. 길게 파인 지형에 도랑 구(溝)를 쓴다는 건 잘 알지?

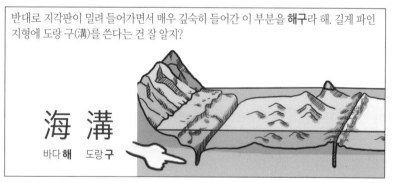

海溝
바다해　도랑 구

60
해퇴(천퇴)

bank

둑을 영어로 뱅크(bank)라고 하듯이 뱅크는 무언가 퇴적하여 쌓아 올린 곳을 말해.

해저에도 흙무더기를 쌓아 놓은 것처럼 수심이 얕은 뱅크 지형이 있어.

육지와 가까운 해저에서는 육지퇴적물, 화산 활동, 빙하 퇴적물 등이 쌓이기 쉽기 때문이지.

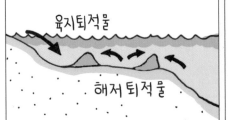

이를 한자어로는 **바다의 흙무더기**라는 뜻으로 해퇴, 혹은 **얕은 바다의 흙무더기** 라는 뜻으로 천퇴라고 해.

지식이 얕음을 천박하다고 하는 것처럼, 천(淺)은 얕다는 뜻이거든.

뱅크는 돌출부지만 수심이 얕다보니 대부분 육지와 가까운 대륙붕에 분포 하는 경우가 많아. 육지에서 다소 멀더라도 수심이 얕은 곳에서는 해류의 퇴적 작용으로 뱅크가 형성될 수도 있지만 말이야.

이곳은 돌출된 지형이라 상승류가 생겨 심층의 영양분이 올라와. 또 햇빛을 많이 받기 때문에,

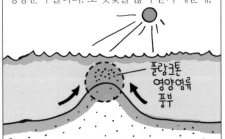

대륙붕 중에서도 특히 **좋은 어장**을 이루는 곳이야.

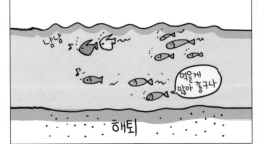

우리나라와 일본 사이에도 **대화퇴**라는 뱅크가 있어서 해양권 다툼이 민감한데,

'대화'라는 이름이 일제의 잔재라 '동해퇴'나 '동해 천퇴'로 부르는 것이 좋아.

61 조경수역

boundary of water masses

Special에서도 언급했듯이 바닷물은 비슷한 성질을 가진 덩어리로 나뉘고

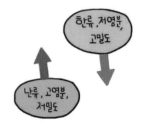

이 덩어리들은 바람과 밀도차, 해저 경사 등으로 인해 끊임없이 이동한다고 했지? 그래! 해류 말이야!

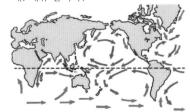

이 해류는 수산업과 주변 지역의 기후에 영향을 미쳐.

봄, 여름에 관북 해안에 안개가 잘 생기는 이유도 한류가 흐르기 때문이지.

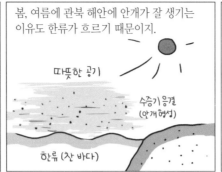

그러나 이렇게 해류가 이동하다보면 성질이 다른 것들이 종종 만나게 되겠지?

바로 이를 **서로 다른 해류간의 경계를 이루는 수역**이란 뜻으로 조경수역이라 해.

潮 境 水 域

바닷물**조** 경계**경** 물**수** 영역**역**

적조현상

조(潮)는 바다 자체가 아니라 바닷물 이나 바닷물의 흐름을 의미한다고 했잖아!

한류와 난류가 만나는 만큼 어종이 풍부한 어장을 형성하는 게 특징이야.

우리나라는 울릉도 부근에서 북한 한류와 동한 난류가 만나 조경 수역이 형성돼.

그리고 이 경계는 난류가 강한 여름에는 북상하고 한류가 강한 겨울에는 남하하는데,

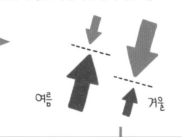

예전에 남해에서 잡히던 어종이 현재 동해에서, 동해 북부에서 잡히던 어종은 거의 잡히지 않고 있어. 생태찌게 때문에라도 통일이 되어야..

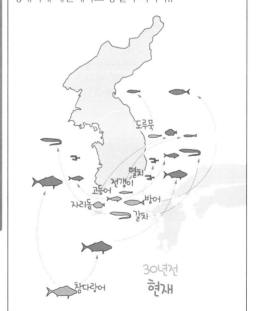

사실 지구온난화 때문에 전체적으로 난류가 우세해지면서

이 조경수역의 위도가 많이 올라갔다고. 이러다가 머잖아 우리나라 해안을 조경 수역이라 말하기 어려울 수도 ㅜ

자, 어떤 때는 깊이 공부하는 게 오히려 지름길이라고 했지? 마그마의 유동성에 관련된 부분도 오히려 지구과학적 원리까지 이해할 때 더 쉬워져!

마그마는 지각을 이루는 암석이 지하 깊은 곳의 고온에 의해 녹아 있는 거야. 그런데 암석은 우리가 보기에는 한 덩어리지만 실은 여러 종류의 광물들이 섞여 있단다. 그 광물들의 성분을 분석해보면, **SiO_2(규산염)**가 많고 그 밖에 **철, 마그네슘 등등**이 있지. SiO_2는 모래의 주성분인 석영인데 밝은 색을 띠고 암석내의 거의 유일한 산성 물질이기 때문에 **암석의 산성도를 나타내는 지표**가 된단다. 그런데 암석이 녹을 때 모든 광물이 동시에 한 온도에서 녹는 것이 아니야. 어떤 광물은 좀 낮은 온도에서도 녹기 시작하고 어떤 광물은 높은 온도가 되어서나 녹지. **SiO_2는 저온에서도 잘 녹아.**

그래서 저온에서 만들어지는

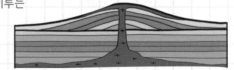

마그마는 상대적으로 SiO_2의 함량이 높고 철이나 마그네슘 등의 함량이 낮아. 이렇게 **저온에서 녹은 광물들이 만들어내는, 그래서 SiO_2의 함량이 높고 산성인 마그마를 유문암질 마그마라고 해.** 왜냐하면 이때 녹는 광물들이 주로 유문암을 구성하는 것들이기 때문이지. 그리고 중요한 것! SiO_2는 녹아도 끈끈한 성질이 있어. 왜 너희들 유리 공예하는 장면 본 적 있니? SiO_2를 녹여서 각양각색의 모양을 가진 유리 공예품을 만들 수 있는 것도 점성이 높기 때문이지. 철이나 마그네슘 등은 녹으면 물처럼 묽어지는 데 말이야.

용광로의 쇳물 가지고는 그런 공예품 못만든다고-;; 그러니 당연히 이 마그마의 **점성은 높을** 수밖에!! 그리고 이 마그마가 분출하면 큰 폭발이 일어나거나 폭발이 없어도 종 모양의 경사가 가파른 화산을 이루겠지. 종 모양의 화산? 그래 **종상 화산!**

한편 고온에서는 고온에서 녹는 광물들이 첨가되어 마그마의 성분을 이루겠지? **고온에서는 철, 마그네슘 등의 성분을 많이 포함하는 어두운 색의 광물들이 잘 녹는데,** 그 성분들이 주로 현무암을 이루는 것들이라 이를 **현무암질 마그마**라 한단다. 상대적으로 SiO_2의 함량은 낮아질테고. 결국 고온에서 용융되는 현무암질 마그마는 **점성이 낮고 유동성이 크겠지.** 이 마그마가 지표를 뚫고 분출한다면? 큰 폭발 없이 마그마가 흘러 퍼지는 **용암 대지**나 방패를 엎어놓은 모양의 **순(방패 楯)상화산**이 만들어 질거야. 이해되지?

그런데 유문암이 생소하다고? 음.. 이름을 명명백백식으로 풀자면 무늬가 있는 암석이란 뜻인데, 실제로도 흐르는 듯한 물결 무늬가 있어. 성분상으로는 화강암으로 봐도 무방해. SiO_2 함량이 높고 밝은 색을 띠며 산성인 화산암 중 지하 깊은 곳에서 식어 알갱이가 굵은 것을 화강암이라고 하고, 지표에서 굳어 알갱이가 작은 것을 유문암이라고 하지. 현무암은 반대로 SiO_2의 함량이 적고 어두운 색을 띠며 염기성인 화산암 중 지표에서 식어 알갱이가 작은 것이고. 그 사이에 있는 중성암이 안산암이란다. '안산암'이름은 어디서 온거냐? 이 놈은 남미의 안데스 산맥을 이루는 화산암이어서 andesite라고 이름지었는데, 안산(安山)은 안데스 산맥을 말하는 거야. ^0^;; 거친 결정질의 암석이라는 뜻의 조면(粗面)암도 비슷한거야. 이놈도 지하 깊은 곳에서 굳어 암석의 결정이 매우 굵지. 이러한 중성 마그마들도 점성이 크고 유동성이 작은 마그마로 분류돼. 종상 화산을 이룰 거고.

정리하자면 **점성이 작고 유동성이 커서 순상 화산이나 용암 대지를 이루는 것은 현무암질 마그마이고 유문암질, 안산암질, 조면암질, 화강암질 등으로 표현되는 마그마는 모두 점성이 크고 유동성이 작아 종상 화산**을 이룬단다.

SiO_2함량(%)	65 ←————————→ 52		
	(산성)		(염기성)
화성암	화강암 유문암	조면암 안산암	현무암
마그마, 화산		유동성↓ 점성↑ 종상화산 (∧)	유동성↑ 점성↓ 순상화산 (—)

62 화산 지형1 –
백두산

자자, 본격적으로 화산 지형에 대해 공부해 보자.

화산에 대한 전반적인 설명은 환경과 재해편에 있으니 참고해~

화산. 지하 깊은 곳에 있던 마그마가 지각의 약한 곳을 뚫고 분출해 지표를 초토화시키는 지각 변동이지.

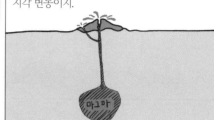

마그마

우리나라의 경우 다행히 현재는 모두 분화 활동이 없지만

아니, 우리나라에도 화산이 있었냐?

그럼~ 신생대 3기말~4기초에 한반도는 불바다 였다고

곳곳에 화산 지형이 존재해.

자, 백두산부터 하나씩 답사해 볼까?

Go,Go!

백두산 2744 칠보산 2289
청봉산 2289
서해 관모 칠성
압록강
울릉도 성인봉 964
용암대지
한라산 1964
제주도

최근에 학자들 사이에서 백두산 폭발을 우려하는 목소리가 있어. 그만큼 화산에 대한 관심도 커졌지.

가능성 매우 높으므! 지구 최대 규모의 재앙이 될것이므!

그전에 꼬레아서 먼나라로 튀어야지..

백두산 일대에는 장기간에 걸쳐 **현무암질 용암**이 분출되었어. 그래서 이 일대에 **개마 용암 대지**가 형성되었고 백두산 하부의 **순상 화산**이 만들어졌지.

정말 방패를 엎어놓은 것 같지?

정말 지리용어들 알고보면 참~ 뒤죽~이잉

현무암질 용암
(유동성이 커서 멀리까지 흘러내림)

그런데 그 후 조면암질 용암이 시기를 달리해서 분출하여 **산 정상부는 종상 화산**의 모습을 보이고 있어.

종상화산 + 순상화산
(조면암질) (현무암질)

그러나 이후에도 여러 차례 분화가 일어났고 **분화 후에 화구 아래 빈 공간이 무너지면서 화구보다 큰 분지 형태의 지형이 만들어졌는데 이를 칼데라라고 해.** 천지는 칼데라에 빗물이 고여 만들어진 **칼데라호**(湖 호수 호)야.

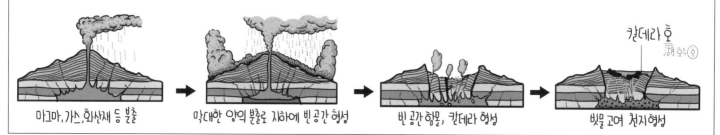

마그마, 가스, 화산재 등 분출 → 막대한 양의 분출로 지하에 빈 공간 형성 → 빈 공간 함몰, 칼데라 형성 → 빗물 고여 천지형성

칼데라 호
湖 호수 호

학계의 연구에 따르면 현재의 백두산 지형이 완성된 것은 불과 1천년 전이라고 해.

그만큼 백두산은 역사 시대에도 그 활동 기록이 꽤 남아있지.

하얀 재가 마치 눈처럼 내렸스므니다. 하늘에서 소리가 났는데 마치 천둥소리 같았스므니다.
- 고려시대 일본의 역사서 중

1668년 대포처럼 요란한 소리와 함께 큰 돌들이 비처럼 쏟아졌고 붉은 색의 흙탕물이 넘쳐 흘렀다.
- 조선왕조 실록 중

현재도 80℃가 넘는 온천이 나오며 가스 분출이나 소규모의 지진이 있을 정도로 에너지가 많은 화산이야.

천지 일대의 지형도를 보면 여러 봉우리로 둘러싸인 칼데라호의 전형적인 모습을 확인할 수 있어. **산 정상부로 갈수록 경사가 급해 지는 것은 종상 화산**임을 의미하지. 또한 계곡 부위에 깊이 파여들어간 웅덩이 기호도 보이지? 빙하가 침식한 빙식곡(氷蝕谷)인데,

마지막 빙기 때 백두산은 고도가 높아 빙하가 존재했었어. 이게 녹으면서 **U자곡**을 만든 거란다.

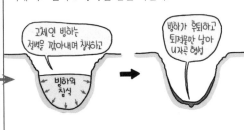

빙하는 고체이면서 경사를 따라 천천히 흘러내려가며 땅을 파.

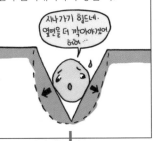

돌맹이로 바닥을 파봐. V가 아니라 U자 모양이 생기지.

특히 **빙하의 침식이 시작되는 와지 부분을 권곡**이라 해. 꼭 술잔처럼 바닥이 편평히 파여서 붙여진 이름이야.

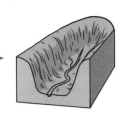

圈 谷
술잔 권　계곡 곡

참, 칼데라(Caldera)는 움푹 들어간 모습이 꼭 가마솥 같다하여

라틴어로 '가마솥'에서 유래했다는 것도 참고로 말해줄게~

63 화산 지형2— 제주도

이번엔 한국의, 아니 세계의 보물인 제주도로 떠나볼까?

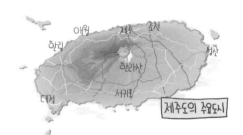

제주도는 한라산이 폭발하면서 생겨난 화산섬이야. 섬 자체가 화산인 셈이지. 이 화산 안폭발 했으면 어쩔뻔.ㅋ

제주도의 90% 이상이 현무암으로, **전체적으로 순상 화산이긴 하지만 정상부가 종상**이라, 백두산과 같은 **복합 화산**으로 봐야 해.

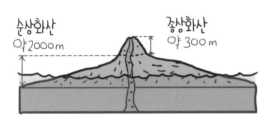

그러나 한라산의 화구는 무너지지 않고 남아서 빗물이 고인 **화구호(湖)**가 되었어. 이게 백록담이지.

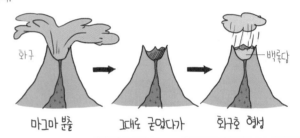

또한 제주도에는 한라산을 형성시킨 화산 활동 이후에도 **산기슭을 따라 소규모의 용암 분출이 계속 일어난 분화구가 발견**되는데, 이를 **기생 화산**이라 해. 제주도 사람들은 **오름**이라고 부르지.

지형도에서는 작은 봉우리와 움푹 패인 분화구가 함께 나타나.

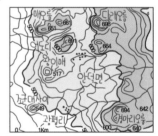

한라산의 산록에는 이렇게 땅의 약한 틈에서 분화하여 만들어진 기생 화산이 360여개나 분포한단다.

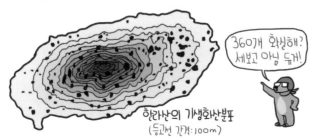

한라산의 기생화산분포
(등고선 간격:100m)

뿐만 아니라 만장굴, 협재굴, 빌레못 동굴 등 절경을 이루는 **용암 동굴**이 많아 중요한 관광 자원이 되고 있어.

이것은 현무암질 용암이 분출하면서, 공기와 접촉하는 상부가 먼저 굳고 그 아래를 흐르던 용암이 빠져나간 자리가 텅 빈 채로 남아 생성된 거야.

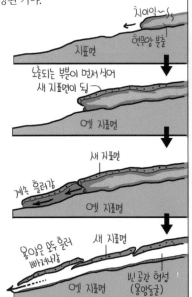

특히 협재굴, 월정 남지미 동굴 등은 조개 껍데기가 섞인 모래 퇴적물이 동굴 내부로 흘러들면서

석회 동굴의 모습을 함께 보이고 있어.

이들 **복합 동굴**은 세계적으로도 아름답기로 손꼽히는 자연유산이야. 제주도는 그야말로 관광 자원의 보고라고.

또한 이곳의 기반암인 현무암은 절리(마디 사이의 틈)라 하여 갈라진 틈이 존재해.

節 理

마디 **절**   결 **리**

암석에 틈이 생긴 후 이동하면 이를 단층이라 하지만 그자리에 있을 때 절리라 하는 거지.

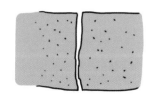

이는 현무암질 용암이 마치 가문 논바닥처럼 표면에서부터 밑으로 틈이 생기면서 굳기 때문이야.

특히 현무암은 육각형의 기둥 모양으로 수직의 절리가 발달하면서 굳기 때문에 이를 **주상 절리**라고 해.

柱 狀 節 理

기둥 **주**   형상 **상**   **절리**

이때문에 육각 기둥이 보이는 수직의 절벽이나 폭포가 만들어져서 이또한 절경!

하지만 이 틈으로 빗물이 스며들어 지표에는 물이 부족하고

대부분의 하천도 평소에는 말라있다가 비가 많이 내릴 때만 흘러.

이를 **건천**이라 하지.

乾 川
마를 **건**　내 **천**
건조

그래서 물이 많이 필요한 벼농사는 어렵고 **밭이나 과수원**으로 주로 이용해.

■ 논　□ 묘초지
■ 과수원　■ 취락
□ 밭　□ 삼림
▲ 한라산 1950

왜, 제주는 흙당근이나 감귤이 유명하잖아.

물이 적어도 되고 기후조건이 알맞으니 제주도 짱!

제주 감귤주스
당근농장 100% 제주산

다행히 지하수가 **해안가** 지역에서 솟아오르는 **용천대**가 나타나기 때문에

야~ 물이다~ 짜지도 않고 며을 수 있어!

바다　지하수

예부터 **취락**이 해안가에 발달했어.

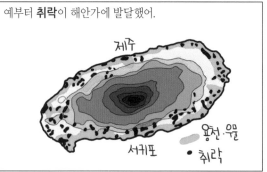

제주
서귀포
용천·우물
• 취락

오와~! 이게내리~!
잠깐 뒤로,
잠깐더..

bonus 심바의 보너스 시사* - 제주는 용암 동굴의 세계적 보고!

와~멋지다! 2009년에 발견됐다지?

월정 남미지 동굴 (구좌읍 월정리)

'제주 화산섬과 용암 동굴'이 유네스코 세계 자연 유산 목록에 등재된 지 2년째 되는 시점에서 학술적 가치가 높은 용암 동굴이 추가로 발견돼 학계의 비상한 관심을 끌고 있다. 용천 동굴, 당처물 동굴을 비롯해 이번 발견된 '월정 남지미 동굴' 등 도내 일부 용암 동굴들은 세계에서 유래를 찾아보기 힘든 석회동굴의 형태여서 학자들을 놀라게 하고 있다. 세계 유산 본부 전용문 박사는 "이들 용암 동굴은 형성된 이후에 동굴 지표면 위에 쌓여 있는 사구에서 탄산염 성분이 내부로 오랜 기간 녹아들어 석회 동굴과 같은 종유석, 석순, 종유관 등의 2차 탄산염 동굴 생성물을 빚어냈다"고 설명했다. 그는 종유석 등이 생성되는 시기와 관련, "인근의 김녕 해수욕장의 모래가 편서풍을 타고 용암 동굴 지대를 뒤덮었다"며 "모래속 조개 껍데기를 탄소 동위 원소로 연대를 측정한 결과 대략 4천년 전까지 거슬러 올라간다" 밝혔다. 한때는 '유사 석회 동굴'로 불렸던 이 같은 복합적인 특징의 제주 용암 동굴에 "제주도의 용암 동굴은 크기로나 아름다움에서 가히 세계적이라고 할 수 있다"고 말하는 등 학자마다 극찬을 아끼지 않고 있다.

64

화산 지형3-
울릉도

울릉도는 점성이 큰 **조면암질 용암이 분출된 종상 화산**이야. 그래서 노출된 부분만으로는 제주도의 형태와 크게 다르지.

뾰족하게 튀어나온 게 꼭 땅콩같굴

한라산 (1950m)

아, 물에 잠긴 부분까지 치면 너보다 크거든!

성인봉 (984m)

사실 울릉도는 바다 밑으로 2000m가 넘는 순상화산체가 있는 거대한 복합화산이란다

섬 전체의 경사가 매우 가파르고 평지가 적어. 그러니 농사를 짓거나 도로를 내기 어렵지.

거기다 동해는 **파랑의 침식**이 강해서 울릉도 해안의 절반 정도는 **절벽**이지.

까맣하단 골로가겠네

이것도 겨우 만든거라고

최근에는 모노레일이 건설되어 여객이나 농사일에 이용되고 있단다.

전엔 지게에 지고 밭일 했는데 이거 있으니 짱 편한데!

울릉도 백두산처럼 분화 후에 화구가 무너져 **칼데라**가 만들어졌는데 그게 바로 나리 분지!

와르르

그래서 나리분지를 둘러싼 외륜산들은 분화가 없어. 화구는 이미 함몰됐거든

천지와 달리 물이 고이지 않았고 안이 평탄해서 울릉도 최대의 **농경지**란다.

나리분지 약초농사 대박

나도 약초먹고 컸어 음매애~

또한 칼데라가 만들어진 후 다시 분화가 있었기 때문에 분지 안에 알봉 이라는 소규모 화산이 만들어졌어.

알봉 나리분지 (칼데라) 성인봉

외 륜 산

이렇게 칼데라, 혹은 본화산의 화구를 이루는 외륜산과 내부에 뒤늦게 분화된 내륜산이 있는 구조를 **이중 화산 (double volcano)**이라고 해. 어렵다고?

둘레 돌 언덕⑦
(外輪山) 외륜산
중앙화구구의 바깥을 둘러싼 산
중앙화구
병판(원)
중앙화구구(火口丘)
중앙화구를 가고 있는 화산
= 내륜산 (內輪山)
안쪽(중앙화구)를 둘러싼산
화구원 (火口原)
내륜산과 외륜산 사이의 평평한 땅

좀 쉽게 풀어서 울릉도에 적용하면 다음과 같아. 알봉은 내륜산 / 알봉 분지, 나리 분지는 칼데라 분지(화구원) / 성인 봉은 외륜산의 하나지.

중앙화구구 (알봉)
=화구가 있는 작은 화산 = 내륜산
외륜산
=칼데라 외벽을 둘러싸고 있는 산

울릉도의 단면구조

상하 2단의 칼데라 분지

알봉분지

나리분지

자! 지형도로 정리하자. 전체적으로 조밀한 등고선을 통해 종상 화산의 형태와 내부가 평탄한 나리 분지, 그리고 알봉의 이중 구조 등을 확인할 수 있지? 멀리 해안가에 해식애 기호도 보이고.

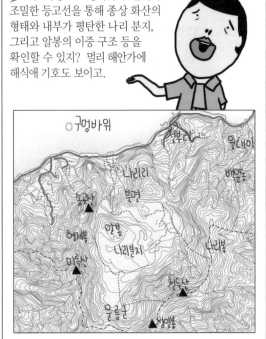

구멍바위
나리리
윗대이
병풍등
북면
농움산
알봉 나리분지
어제봉
미륵산
나리봉
청닭산
울릉군
성인봉

또한 나리분지의 바닥에는 화산회와 물에도 뜨는 가벼운 **부석**이 두껍게 쌓여 있는데

浮 石
뜰**부** 돌**석**

부력
공중**부양**

그 다공성 때문에 빗물이 즉시 지하로 스며들었다가 서북쪽의 골짜기로 흘러. 이는 **소수력 발전**에 이용되고!

소수력 발전*
小 (작을 **소**) 소형 / 水力 發電 (**수력 발전**) : small hydropwer

명명백백 more

소수력 발전은 말 그대로 작은! 수력 발전이야. **수력 발전 중에서 시설 용량 1,500KW이하의 발전**을 말하지. 일반적인 대규모 수력 발전과 원리면에서는 차이가 없으나 **규모가 작아 환경에 미치는 부정적인 영향이 작아.** 대규모 수량에 의지하기 보다는 **자연 낙차력을 주로 이용**하는데. 대규모로 물을 가두어 놓으면 수몰, 이상 기후, 생태계 파괴 등의 문제가 생기잖아. 대신 당연히 소수력 발전은 발전량도 적겠지 ^^;;;. 또 지역의 소수력 발전소는 전력 생산 외에도 수상 레저 스포츠의 장으로 개발이 가능하며 발전소를 관광이나 교육의 장으로 활용하여 지역의 명소가 될수도 있다고. 국지적인 지역 조건과 조화를 이룬다면 환경 문제도 적고 이점이 쏠쏠한 발전 방법으로 각광을 받고 있어. 다만 자연 낙차가 큰 입지가 매우 제한되어 있기 때문에 고낙차식에 비해 경제성에서 뒤지지 않는 저낙차식 수력 발전의 개발이 필요해. 그렇게만 된다면 곳곳에서 친환경 발전을 할 수 있게 될테니~

65
화산 지형4-
용암 대지

lava plateau

모든 화산 분출이 다 이런것은 아니란다.

유동성이 큰 현무암질 용암은 지각의 약한 틈을 타 요란한 폭발 없이 분출하기도 해.

이를 찢어진 틈으로 분출한다는 뜻으로

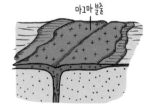

裂 罅 噴 出
찢을 **열** 틈 **하** 분**출**

분열

그러면 기존의 평지를 덮으면서 **주변보다 높은 곳에 넓고 평탄한 용암 대지**가 만들어져. 한자를 잘 봐. 높고 평평한 돈대를 의미하는 대(臺)라고.

鎔 巖 臺 地
용**암** 돈대 **대** 땅 **지**

무**대**, 축**대**
받침**대**

넓은 땅을 의미하는 대지(大地)가 아니라 이거야.—!

철원-평강 일대에 구조곡을 따라 용암 대지가 형성된 거 보이지?

바로 그 선이 추가령 구조곡이지.

이 지역은 원래 **평탄한 충적지**였는데 신생대 때 **용암이 분출하면서 하곡을 메워서 넓고 평탄한 용암 대지**를 만든거야. 그리고 **그 위를 다시 하천이 흐르면서 수직 절벽의 계곡**이 만들어졌어.

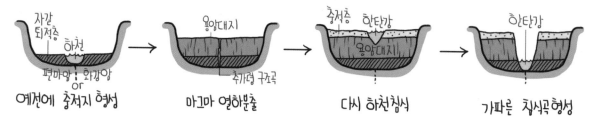

그래서 한탄강의 모식도에는 원 기반암인 편마암 혹은 화강암, 예전의 퇴적층, 현무암층, 현재의 충적층이 차례로 있지.

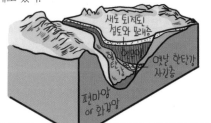

그리고 한탄강의 계곡 벽면이 가파른 이유는 여기가 용암 대지가 만들어진 후부터 새로 침식된, **유년기의 침식곡**이기 때문이란다.

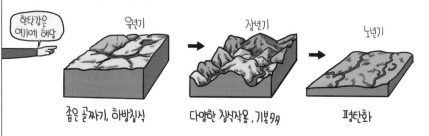

계곡 벽면으로 주상절리가 드러나기도 해. 최근 소수력 발전소도 건설되었지.

보통 현무암이 기반암인 지역은 지표수가 부족하지만, 철원의 용암 대지 위에는 한탄강에 의한 **두꺼운 퇴적층**이 있어서

벼농사가 가능해. 저수지 축조나 양수기와 같은 **관개 시설**의 도움이 있다면~

물 확보만 된다면 비옥한 퇴적층에 공해가 적은 지역이라 밥맛이 아주 좋다고.

이제 지형도를 통해서 용암 대지와 벼농사 지역, 그리고 절벽 기호로 표현된 깊은 침식곡 등을 확인하길.

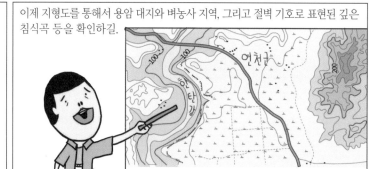

심바의 보너스* - 화산 지형 사진으로 보기

와~ 사진이야, 그림이야!?!

백두산 천지 (칼데라호)

정말 움팡 꺼졌네. 술한바가지 받아마시면 한방에 뻑~

백두산 권곡 (방식곡)

백두산 하부의 순상화산과 여기 용암대지는 현무암질 마그마의 분출이랬지?

개마용암 대지

웅장하구만.. 캬~

제주도 만장굴 용암석주

너도 화산이냐? 녀석, 귀엽네..ㅎ

제주도 오름

절리가 절경일세~

제주도 주상절리

물 슬슬 잘빠지는 토질이라더니 과연..

난상방뇨는 이런데서..ㅋ

제주도 건천

외륜산에 둘러싸인 나리분지가 넘 평화로워 보여. 한눈대리고 갈까?

울릉도 나리분지

울릉도는 섬 외곽이 다 해식애더라고. 과연 짱짱화산!

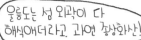

울릉도 해식애

한탄강에 의해 두터운 퇴적층이 쌓여 벼농사가 잘된다고

철원 용암대지

강의 옆면이 과연 깊구나. 아래 쳐다만 봐도 오금찌릿 -.-6

한탄강 주상절리

129

66 카르스트 지형

Karst

석회암. 탄산칼슘(CaCO3)을 주성분으로 하는 퇴적암이야.

CaCO₃

주로 밝은 색을 띠며 강도가 약해서 쉽게 재와 같은 가루가 되니 붙여진 이름이겠지.

石灰岩

돌 **석**   재 **회**   바위 **암**

분필이나 석고가루를 떠올려봐

주로 조개 껍질이나 산호, 탄산칼슘의 해저 침전 등에 의해 형성되며 지구상에 그 분포량이 많아.

어깨거나 얕은 바다환경에서 퇴적된 거라고

그 존재 형태가 다양하긴 하지만 탄산 칼슘은 자연계에서 존재하는 가장 흔한 염이지.

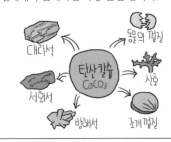

대리석 / 알의 껍질 / 석회석 / 산호 / 방해석 / 조개껍질 / 탄산칼슘 CaCO₃

석회암의 가장 큰 특징은 **물에 잘 녹는다**는 것. 다음과 같은 화학 변화를 거치면서 말이지. 물론 엄밀히 말하면 탄산칼슘이 물에 녹는 거지만.

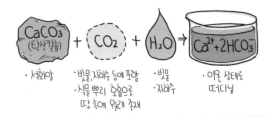

$CaCO_3$ (탄산칼슘) $+ CO_2 + H_2O \rightarrow Ca^{2+} + 2HCO_3^-$

· 석회암 · 빗물,지하수 등에 포함 · 빗물 · 이온 상태로 · 식물 뿌리 호흡으로 · 지하수 떠다님 땅 속에 원래 존재

그래서 석회암 지대는 반드시 **탄산칼슘이 빗물이나 지하수에 용식되어 형성**된 특유의 지형이 분포해. 이를 **카르스트 지형**이라고 하지.

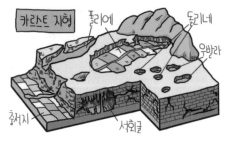

카르스트 지형 / 폴리에 / 돌리네 / 우발라 / 충적지 / 석회굴

대표적인 예가 슬로베니아의 석회암 지대인 크라스(kras) 지방이라 붙여진 이름이야. 카르스트 (Karst)는 이곳을 독일어식으로 부른 거지.

석회암이 많은 지역 / 슬로베니아, 크라스지방

그래서 카르스트 관련 용어는 슬로베니아어 어원이 많아. 이곳 지형에서 연구가 시작되었고

한반도는 **조선계 지층**에 석회암이 풍부하댔지? 바로 이곳에 카르스트 지형이 발달해. **단양, 영월 등 태백산지 일대**와 평양 부근이지.

고생대 전기에 이 지향사들은 얕은 바다의 환경이었다고 했잖아. 그 지층을 조선계라 불렀고 그러니 석회암이 풍부하게지

아이고 목아야

지향사 / 평양 / 영월 삼척 / 단양 / 석회암 지역

또한 석회암 분포지는 시멘트 공장 지대와 일치해. 시멘트는 석회암으로 만들거든.

파쇄 탄자 / 시멘트

시멘트는 원료지향성 공업이라 원료산지에 입지해야 되

카르스트 지형이 발달하려면 석회암이 녹아야하고 그러려면 빗물이 잘 스며들어야겠지? 즉, **절리가 있는 곳에 용식이 잘 되지**.

그래서 석회암 지대에 **절리가 발달하거나 교차하는 곳은 지표가 녹아서 움푹 들어가**. 이렇게 만들어진 와지를 **돌리네**라고 불러. 땅에 구멍이 생겼으니 붙여진 이름이지.

Doline
=hole(구멍)

가장 흔히 볼 수 있는 카르스트 지형이라 우리나라에도 많은데, 지역마다 부르는 이름이 조금씩 달라.

돌리네는 움푹 들어간 데다 석회암의 절리 때문에 물이 쉽게 빠져나가. 때로는 **배수 구멍**이 크게 생성되기도 하지.

이를 가라앉는(sink) 구멍(hole)이란 뜻으로 **싱크홀**(sinkhole)이라고 불러.

이래서 벼농사를 짓기 어렵고 대부분 **밭으로 이용**돼.

돌리네가 합쳐지면 보다 큰 우발라가 돼. 합쳐진 모습이 마치 바닷가의 만(灣) 같다 해서 붙여진 이름이란다.

Uvala
=bay(만)

돌리네나 우발라까진 저하 등고선으로 표현돼.

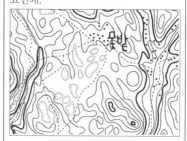

백두산 권곡이나 제주의 오름도 저하 등고선을 쓰지만, 조금씩 달라. 물론 어딘지 파악할 땐 여러 단서를 조합해야 하겠지!

권곡
· 주변 등고선 조밀(백두산)
· 긴 모양 (곡)

돌리네
· 원형 or 부정형
· 보통 단독존재

오름
· 둥실의 등고선이 둘러쌈 (분화구)

우발라까지 합쳐지면서 길고 넓어진 건 **폴리에**야. 거의 마을 수준의 크기란다. 폴리에에는 **내부가 넓고 평탄**하여 일종의 분지 평야라 붙여진 이름이고 **경작지나 취락**이 입지해.

Polije
=field(평야)

하지만 일반 분지와 달리 바닥에 하천이 생기더라도 금방 지하로 흡수되면서 **건천**이 되어버리지.

그런데! 이렇게 물에 녹는 건 석회암 중 탄산칼슘 성분뿐이랬지? 다른 물질은 지표에 남아!

이들이 공기중 산화되면서 붉게 변화여 간대 토양의 하나인 **테라로사(terra rossa) 토양**이 돼.

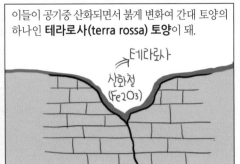

테라로사토는 이태리어로 '붉은 흙'이란 뜻이야. 이태리도 석회암이 많이 분포된 지역이잖아? 테라로사는 가장 대표적인 간대토양으로 기후편에 상세히 설명해 두었으니 참조하도록!

한편 지하수는 땅 속의 석회암을 녹여 **동굴**을 만들기도 해. 그 내부에는 녹았던 성분이 다시 침전되면서 종유석, 석순, 석주 같은 소규모 지형들이 만들어지지.

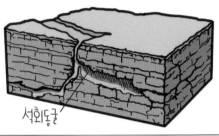

하나씩 볼까? 동굴 천장에서는 석회암을 녹인 물방울이 떨어지는 과정에서

고드름처럼 석회암이 자라는데 이를 **종유석**이라고 해. '쇠처럼 단단했던 것(동굴 천장)이 젖같이 흘러서 만든 돌'로 풀이할 수 있지.

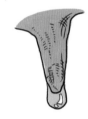

鍾乳石
쇠북**종** 젖**유** 돌**석**

이때 떨어지는 물의 일부는 칼슘을 함유하고 있어서

동굴 바닥에 다시 석회암을 자라게 하기도 하는데, 돌로 만들어진 대나무 순 같다고 해서 **석순**이라고 불러.

石筍
돌**석** 죽순**순**

꼭 돌로 만들어진 대나무 순 같다고 해서 **붙여진 이름**이지.

시간이 지나면 **종유석과 석순이 계속 자라 만나기도** 해. 그럼 돌기둥이네! 그래서 이건 **석주**야.

石柱
돌**석** 기둥**주**

굳이 비유하자면 사방에 두껍게 치즈를 바르고 온도를 높여봐. 이렇게 되지 않겠어?

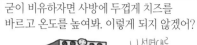

한자어는 각각의 모양을 중시했다면 영어는 모두 "떨어지다"는 원리의 어원에서 이름을 붙였다는 것도 참고.

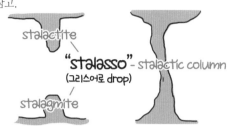

우리나라엔 동룡굴(평안북도), 고수굴(단양), 고씨굴(영월), 환선굴(삼척) 등이 유명해.

자, 이제 앞장의 모식도를 다시 보며 정리하길 바래.

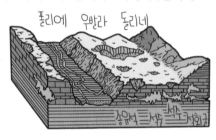

지형도도 더 봐 두고.

133

심바의 보너스* - 카르스트 지형 사진으로 보기

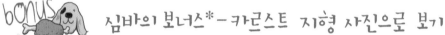

돌리네 (단양)

우발라 (단양)

씽크홀

석회 광산 (단양)

우리나라 석회석은 300년 캐도 남는대

종유석

석순

단양굴 (석회동굴)

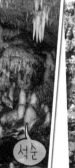

종유석과 석순이 만나 석주가 됐군

영월 고씨굴 (석회동굴)

플리에 (단양)

건천 (단양)

석회동굴 + 용암동굴 (제주)

02

복이 엄만데요, 애가
매일 학원간다고
나가는데
성적이 왜 이래욧!?

공부를 어떻게
시키시길래!?

원장실

......

자식을 위해선
고물로의 돌변도
서슴지
않으시는
복이어머니.

기후

기상과 기후

weather / climate

휴~ 지형 부분이 끝났으니 한고비 넘긴 셈. 이제 기후로 넘어가 볼까?

후후~오늘은 소개링 하는 날~

야, 너 프사에 뽀샵하지 말랬지!

그건 소개팅이 아니라 사기팅이야

오늘의 날씨는 어땠니?

춥고 덥고 비 오고 바람 불고... 우리를 둘러싸고 있는 대기의 상태를 묻고 있는 거잖아

이걸 줄여서 기상이라고 해.

氣 象

공기 **기**   모양 **상**

대기   상태

우리말로는 날씨라고도 하지?

맵씨 대박 장가 가는가?

날씨의 '씨'는 '맵씨'나 '맵씨' 할때의 '씨'야. '그 날의 스타일'이란 뜻이쥐

만국이 스탈바꿈 깔맞췄는데 짱구려

하루의 기상 상태를 말하는 '일기(日氣)'도 같은 의미이고.

日 氣

날 **일**   대기 **기**

우리의 하루하루 생활에 많은 영향을 미치기 때문에 동서고금을 막론하고 대화를 시작하기 가장 좋은 주제이지?

오랫만에 비가 오네요..

시작 좋고~

역시 대화에는 날씨가 ㅋ

그러게요..

빨리 일어나야지..

반면 기후는 **수많은 기상 자료들을 종합적으로 살펴** '이 지역은 평균적으로 어떠어떠하다'고 내리는 결론이지.

지중해성
한랭건조
온대 계절풍
고온 건조
열대 다우

氣 候

공기 **기**   기후, 살피다 **후**

대기   후보
         징후

기후의 후(候)는 '징후', '후보'에서 보듯이 여러 가지를 종합해 봤을 때 그럴 가능성이 높다는 의미거든.

큰 병의 징후가...

후보

한자풀이를 해보면 **대기 상태를 오랜 기간 살펴** 이를 예측할 수 있는 잣대가 되는, **대기 상태의 후보**랄까?

건조 지역이니 내일도 비가 안오겠지?

기상과 기후의 차이를 확실히 알아두길 바래.

만국이는 원래 착하다 (기후)

그런데 오늘은 화가 났다 (기상)

실바!! 너 햄편오금이 십이만원!?

기후는 거의 30년 정도의 기상 자료를 종합하여 내린 결론이라고.

한마디로 △기상 = 기후 인거쥐~

그래서 '기상 속보'나 '오늘의 일기'는 있지만

기상 속보를 말씀드리겠습니다 갑자스런 폭우로 전국이 물에 잠겨 ....

OK

화면빨 잘 받아?

'기후 속보'나 '오늘의 기후'는 없는 거야.

기후속보를 말씀드리겠습니다 우리나라는 온대기후입니... 다...? 엥 ??

NG!

이걸 왜 속보로 ??

또 그래서 기상은 인간 생활에 단기적인 영향만을 미치지만

우천시 공연취소 - 지못 ....

분위기 잡아볼려구 예매했는데.

아주 가지가지 한다

기후는 주민들의 의·식·주나 산업 활동 전반 등에 장기적인 영향을 미치는 거지.

여름 장마를 대비해서 우산 장사나 해볼까..? 여기서 만국이만 바라봤다가 굶어죽겠어

영어도 이 차이를 고스란히 반영하고 있어. weather는 날씨를 대표하는 의미로 wind를, climate은 기후의 후(候)를 의미하거든.

weather
↑
고독일어 'weder'
(wind)

climate
↑
그리스어 'klima'
(inclination, 경향성)

참 이번 여름엔 더웠어요

어제는 습도도 장난 아니었죠

날씨 다음엔 뭘 해야하지..

내일은 바람이 꽤 분다네요.

얘 어떡하니..

---

68 기후요소와 기후요인

climate element / factor

기후를 이야기할 때 기후 요소와 기후 요인이 나오는데, 이 둘도 무턱대고 외우다 보면 헷갈릴 수 있어.

기후요소
기후 요인
기후 요자
기후소오

요소 요인 인자? 요자? 말자?

요소는 전체를 구성하는 구성 요소의 줄인 말이라고 생각하면 돼.

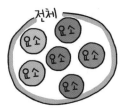

즉, 기후 요소는 기후를 이루고 있는 것들이지.

그게 다야?

누군가 네가 살고 있는 지역의 기후를 물어볼 때 대답하는 것들이야.

제주도의 기후는 따뜻하고(기온) 바람이 많고(바람) 비가 많이옵수다 (강수)

그게 바로 기후 요소인데 **기온, 강수, 바람, 습도, 운량, 증발량 등**이 있겠지. 가장 중요한 것은 기온, 강수, 바람!

반면 **기후 요인**은 그 기후 현상을 가져다 주게 된 **원인**을 말해.

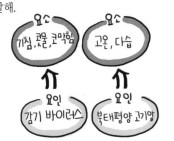

어떤 현상에는 마땅히 그 이유가 있기 마련이지.

애들이 없는 이유는 만국이 외모 멤붕 학원시설의 멤붕 몽요복 성적의 멤붕

기후 요인은 기후 인자라고 하기도 해.

둘다 원인인(因) 자가있잖아

要 因 = 因 子

필요할 **요** 원인 **인**   원인 **인** 아들,작은 것 **자**

필요
요건

유전자
입자

이거 이거 영어 시험에도 자주 등장하는 거라고~

element vs factor
요소   인자, 요인

기후 요인에는 **위도, 수륙 분포, 지형, 해발 고도, 해류 등**의 지리적(정적) 요인과

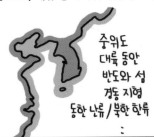

중위도
대륙 동안
반도와 섬
경동 지형
동한 난류 / 북한 한류
:

기단, 전선, 고기압, 저기압 등 기상학적(동적) 요인이 있단다~

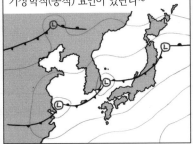

이들이 원인이 되어 그 지역만의 기후의 특색을 만드는 거야.

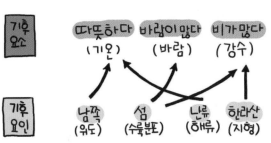

명명백백 Special 9) 고기압과 저기압

기후를 공부할 때에는 기압에 대한 이해가 반드시 선행되어야 해. 여러 가지 기상 현상, 그리고 그것이 축적된 기후는 주로 기압의 변화를 바탕으로 일어나거든. 물론 지구과학 시간이 아니니 복잡한 과학적 원리까지는 설명하지 않을게. 그래도 기초적인 바탕은 짚고 넘어가야 강수나 바람을 외우지 않고 이해할 수 있다고~

대류** 對(대응할대) / 流(흐를류) · convection

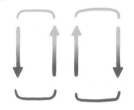

중학교 과학 시간에 배운 기억 있지? **공기나 물이 가열되면 스스로 이동하면서 열을 전달하는 거잖아.** 만약 공기가 더워져 올라가면 빈자리를 주변 공기가 채우고, 반대로 상층의 공기가 식어서 가라앉으면 그 빈자리를 아래 공기가 올라가 채우면서 위·아래로 대기가 순환을 해. 이를 **대응하는 흐름**, 즉 대류라 하지.
이 대류가 기압차 (고기압과 저기압)를 만든다고~

고기압** 高(높을고) / 氣(공기기) / 壓(압력압) · high atmospheric pressure
저기압** 低(낮을저) / 氣(공기기) / 壓(압력압) · low atmospheric pressure

알고 있겠지만, 기압은 공기의 압력이야. **고기압이란 어떤 곳의 공기의 밀도가 주변보다 높고 저기압이란 주변보다 공기의 밀도가 낮다**는 뜻이지. 과학적으로 보면 공기는 엄청난 압력으로 우리를 누르고 있어. 다만 이 압력이 평형을 이루고 있기 때문에 우리가 느끼지 못할 뿐이지.

그런데 지구 전체의 공기 압력이 완벽한 균형을 이룰 수는 없어. 지구 곳곳에 비추는 햇빛의 양도 다르고 바다와 육지의 비열도 다르잖아. 예를 들어, 어떤 곳의 **공기가 더워져 상승하면 공기 밀도가 낮아져 저기압**이 될테고, 식은 공기가 하강한 지표면은 공기 밀도가 높아져 고기압이 되겠지.

자세한 기상학적 원리까지 알려면 복잡하지만 일반적으로 **공기가 상승할 때는 기온이 낮아지면서 수증기가 응결하여 구름을 만들고, 공기가 하강할 때는 반대 현상이 나타나 구름 없는 맑은 날씨**가 돼. 그래서 저기압은 날씨가 궂고 고기압은 날씨가 맑단다.

그리고 공기의 밀도가 높은 곳에서는 상대적으로 밀도가 낮은 쪽으로 자꾸 공기를 날려보내 평형을 유지하려고 해. 이러한 공기의 흐름이 바로 **바람**이야. 그러니 바람은 기본적으로 **고기압에서 저기압으로 불게** 되지.
다 아는 내용이라고? 그래 니똥 LED -.-;

139

명명백백 Special 10) 기단과 전선

이번엔 중학교 때 배웠던 기본 용어 중 기단과 전선을 명명백백식으로 짚고 가보자. 기후를 다룰 때 기본적이고 중요한 개념이지만 정확히 알고 쓰는 학생이 많지 않거든.

기단** 氣(기운 기) 공기 / 團 (모일 단) 단체, 단결 air mass

기단은 **공기의 모임, 공기의 덩어리**라는 뜻이 되지? 영어로는 air(공기) + mass(덩어리)이고. 공기라는 것은 그 아래 지표면의 성질을 닮기 마련인데, 특히 평평하고 넓은 **범위에 바람이 약한 곳에는 공기가 장기간 머무르면서 지표의 성질을 반영한 거대한 덩어리를 형성**하게 돼. 따라서 **생성 지역의 기후 조건이 곧 기단의 성질**이 된단다. 그래서 기단의 이름도 발생한 지역의 이름을 붙이는 거고.

전선** 前 (앞 전) / 線 (선 선) front

장마 전선, 한랭 전선, 온난 전선... 많이 들어봤지? 근데, 앞 전(前)에 선 선(線), '전선'이 정확히 무슨 뜻일까? 우리가 흔히 말하는 선이라는 게 기하학적 의미로는 두 면의 경계야. "맞닿는 면의 가장 앞부분(front)"이니 곧 경계선을 의미할 수 있어. 이를 한자로 하면 전선(前線)이고.

특히 기상학에서 말하는 전선은 **성질이 다른 두 개의 공기 덩어리(기단)가 만나는 경계**를 의미해. 그런데 여기서 잠깐! 여기서 공기는 평평한 면이 아니라 입체 덩어리이니 두 덩어리가 만드는 곳은 '선'이 아니라 '면'이겠지? 그래서 이를 전선면이라고 하고 **전선은 전선면이 지표와 만나는 부분**이야. 인간이야 땅바닥에 붙어사는 존재니 전선의 영향을 많이 받을 수 밖에.

지리에서 중요한 전선은 한대 전선이야. **한대 전선은 추운 고위도의 한대 기단과 아열대 고압대에서 발생한 아열대 기단이 만나 형성되는 전선**을 말하는데, 성질이 다른 공기가 만난 것인 만큼, **날씨의 변화가 심해.** 우리나라의 **장마 전선**도 전선에서 오랜 기간 비가 내려 붙여진 별명이고, 추운 오호츠크 해 지역에서 발생한 한대 기단과 저위도의 북태평양 해상에서 발생한 고온 다습한 기단이 만났으니 한대 전선의 일종이란다.

69 기온

temperature

우리를 둘러싼 **대기의 따뜻한 정도**를 의미하는 기온은

氣 溫
공기 기   따뜻할 온

대기   온도

인간에게 가장 많은 영향을 미치는 기후 요소야. 직접적으로 피부에 와닿잖아.

같은 양의 태양 복사 에너지로 더 많은 면적을 데워야하기 때문에 기본적으로 고위도로 갈수록 기온은 낮아져.

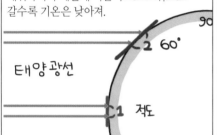

조금 더 자세히 설명하자면~ 지구에서 연평균 기온이 가장 높은 곳끼리 연결한 선을 열적도라 하는데,

아니 당연히 적도 아니냐고? 실제로는 그게 북위 10도 부근이야.

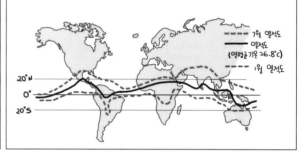

그건 북반구에 육지가 더 많아 더 쉽게 뜨거워지기 때문이야.. 육지와 바다의 비열차에 대한 부분은 다음 장을 참고해~

어쨌든 이 열적도를 최고점으로 고위도로 갈수록 기온은 낮아지므로

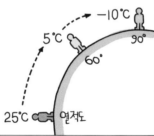

연평균 기온선은 대체로 위도와 평행하게 나타나겠지.

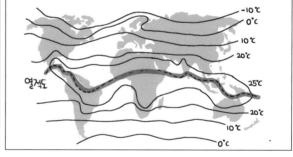

물론 수륙분포나 해류 등의 영향으로 위도와 기온선이 일치하지 않는 경우도 있어.

유라시아 대륙의 경우에도 동안은 한류, 서안은 난류가 우세해 상반된 방향으로 기온선이 휜 모습을 보이지.

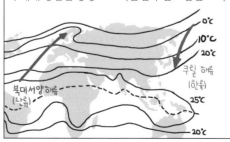

그렇지만 누가 뭐래도 위도와 그에 따른 기온은!

기후를 구분하는 가장 기본적 요소지.

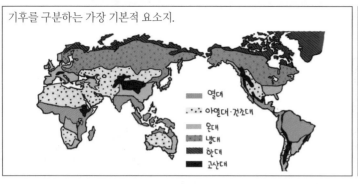

열대
아열대·건조대
온대
냉대
한대
고산대

그런데, 위도와 정말 상반되는 곳이 있어. 그게 바로 **고산기후**!

위도와 평행할 줄 알았는데, 오히려 세로로 간데?

글게 오바하더니 뭐냐..

그건 고도가 높아질수록 기온이 낮아지기 때문이야.

어때? 올라갈수록 시원하지?

나도 운동화 사줘

그래서 고산지대에서는 같은 위도의 평지보다 서늘한거지.

연중 10℃ 안팎이야

항상봄같아

그래서 열대 지역의 고산 기후를 상춘 기후라고도 해

열대의 고지대

앞에 산지 지형 할때도 잠깐 언급했지만 고도에 따라 식생이 달라지는 것도 바로 그때문이고!

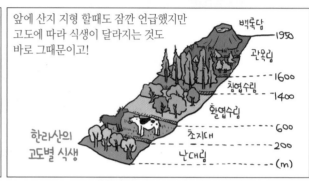

백록담
-1950
관목림
-1600
침엽수림
-1400
활엽수림
-600
초지대
-200
난대림
-(m)

한라산의 고도별 식생

복사*

輻 (바퀴살 **복**) / 射 (쏠 **사**) 영사기, 투사 : radiation

명명백백 more

빛을 전달하는 방법에는 전도, 대류, 복사가 있지? 네가 만약 갑자기 집안으로 들어온 햇살에 따뜻함을 느꼈다면.. 집안까지 어떻게 열이 전달된 걸까? 태양과 너 사이엔 아무 매개체도 없으니 일단 전도는 아닐 테고-.-;; 공기가 데워지면서 이동하여 따뜻해졌다고 하기엔 창문이 공기의 흐름을 가로막고 있고. 그래, 바로 복사열이야. 빛이나 열은 **한 점으로부터 사방으로 에너지를 내쏨으로써 전달**될 수 있거든. 그래서 바퀴살 輻(복)에 쏠 射(사)를 쓰는 거지. 태양은 우주 사방으로 복사 에너지를 내보내고 있고 그 중 극히 일부를 지구가 받고 있는 것이라고. 이때 **받아들이는 태양 복사 에너지와 내보내는 지구 복사 에너지는 열평형을 이루기** 때문에 지구의 기온이 일정하게 유지되는 거란다.

-복사놀이-

꼭 해야돼?

식생*

植 (심을 **식**) 식목일 / 生 (날 **생**) : vegetation

명명백백 more

식생은 (식물의) 심고(植) 나는 것(生)이란 뜻으로, **어떤 지역을 어떤 식물이 덮고 있는가**를 말해. 독일의 기후학자 쾨펜이 만든 세계의 기후 구분은 바로 이 식생을 바탕으로 이루어진단다. 왜냐하면 식물은 자신에 적합한 기후에서만 자라기 때문이지. 예를 들어 쾨펜의 기준이 열대 기후를 연 평균 기온으로 구분하지 않고 최한월 평균기온 18℃ 이상으로 정의하는 이유는 열대 식물이 18℃ 이상의 기온에서 성장하기 때문이야.

70 교차

range

기후 파트에서 정말 중요한 부분중 하나가 주기적으로 바뀌는 기온 변화를 이해하는 거야.

이를 나타내는 수치가 교차인데, 이걸 정확히 이해 못하고 있는 친구들이 꽤 있지.

교차를 직역하면 차이를 견주다는 뜻으로

較差

견줄 교 차이 차

비교

분포의 범위를 알기 위해 **최대값과 최소값의 차이를** 구해 보는 것을 말해.

보통 기상 요소에서 사용하는 용어로 주로 **기온차를** 말할 때 많이 쓰이지.

하루를 주기로 최고 기온과 최저 기온의 차이를 일교차라 하고

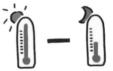

일년을 주기로 가장 따뜻한 달과 가장 추운 달의 기온차를 연교차라고 해.

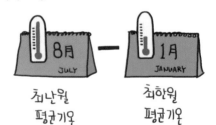

교차는 지역마다 차이가 크게 나타나는데, 그 이유는 뭘까?

이는 지구의 수륙분포가 고르지 못한데다가 대륙과 해양의 비열차는 크기 때문이야.

기후에서 육지와 바다의 비열차는 많은 기후 현상의 원인이 되는 중요한 개념이란다.

비열(specific heat)을 직역하면 **(특정 값을 갖기 때문에) 비교할 수 있는 열**이란 뜻으로,

과학적 정의로는 **어떤 물질 1g을 높이는 데 필요한 열량**이야.

측정을 해보니 이 값이 물질마다 모두 달라서 물질의 고유한(specific) 성질이 되거든.

만약 같은 열량을 공급한다면 비열이 큰 물질은 천천히, 작은 물질은 빨리 데워지겠지.

비열은 모래가 물보다 훨씬 작기 때문에, 같은 일사량에도 육지가 빨리 뜨거워져.

실외 수영장에서, 바닥면은 뜨겁고 풀장 속은 시원하잖아.

그래서 습윤 지역이나 해안 지역은 교차가 작고

반대로 건조 지역이나 내륙 지역일수록 교차가 크단다.

같은 이유로 연교차도 내륙 지역이 해안 지역보다 커.

연교차
- 50℃ 이상
- 40-50℃
- 30-40℃
- 20-30℃
- 10-20℃
- 0-10℃

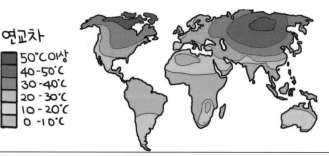

뿐만 아니라 이 분포도를 통해, 연교차는 태양 에너지의 입사각이 연중 크게 다른 고위도 지방일수록 크고,

편서풍의 영향으로 대륙 동안의 연교차가 서안보다 크다는 사실도 확인할 수 있단다.

명명백백 Special 11) 육지 vs 바다

지구의 표면을 덮고 있는 육지와 바다. 이 둘의 분포차와 비열차는 여러 가지 기상 현상을 만들어내는 원인이 된단다. 그래서 기후에서 중요하게 다루어지지. 이에 관한 용어를 서로 헷갈려하는 학생들이 많아서 한꺼번에 정리해 봤어. 비슷한 개념이면서 차이점도 분명히 존재하니까.

수륙 분포** 水 (물 수) / 陸 (육지 육) / 分包 (분포)　　　　land and water distribution

바다와 육지의 분포를 말하는 거겠지? 지구의 겉표면을 덮고 있는 바다와 육지는 지도에서 보듯이 균등하게 분포되어 있지 않아. 전체적으로 **해양이 7:3 정도로 넓고 육지의 70%는 북반구**에 있어. 그래서 남반구는 거의 해양이 차지하고 있지. 지구 전체의 수륙 분포가 그렇다는 거고 특정 지역의 수륙 분포도 기후에 큰 의미가 있단다. 내가 사는 곳 주변에 바다는 얼마나 분포하고 육지는 얼마나 분포하는지 말이야.

변해가는 북반구 분포 ..ㅜㅠ

격해도** 隔 (사이 뜰 격) 간격, 격리 / 海 (바다 해) / 度 (정도 도)　　　　distance from the sea

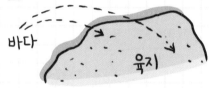

격해도는 바다로부터 사이가 뜬 정도란 뜻이로군. 그러니 **격해도가 작다는 것은 바다 가까이에 있다는 것**이고 **격해도가 크다는 것은 바다로부터 멀리 떨어져 (대륙 안쪽에) 있다는 뜻**이지. 격해도가 큰 곳은 바다의 영향보다는 상대적으로 **대륙의 영향**을 많이 받게 돼. 지구야 바다이거나 육지일 테니까 ^^;;

대륙도** 大陸 (대륙) / 度 (정도 도)　　　　continentality

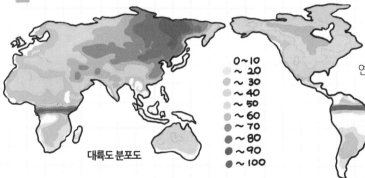

대륙도 분포도

0~10
~20
~30
~40
~50
~60
~70
~80
~90
~100

대륙도란 **대륙의 영향을 받는 정도를 특정 수치로 표현**한 거야. 대륙은 비열이 작아 기온의 변화가 크잖아. 그래서 대륙도 식에는 **연교차를 넣어 대륙의 영향을 얼마나 받는지** 알려주지. 유라시아 대륙 한가운데 위치해 연교차가 가장 큰 시베리아 지역이 100이고, 해양에서는 10이하이며 우리나라의 경우 중강진이 90, 제주도가 50정도야.

이 수륙 분포와 격해도, 대륙도는 모두 비슷한 내용을 담고 있지만 같은 용어라고 할 수는 없어. **격해도는 특정 지역의 수륙 분포를 바다로부터의 거리로 나타낸 개념이라 기후에 영향을 미치는 원인(기후 인자)**이지만, **대륙도는 그 지역의 기후를 표현하기 위해 만든 수치(결과)**라고. 물론 격해도가 큰 곳은 대륙 안쪽이니 대륙도도 크겠지만

반대는 아닌 수도 있어. 우리나라의 경우 3면이 바다이고 옆에 드넓은 태평양을 두고도 유라시아 대륙을 지나 온 편서풍의 영향으로 대륙도가 큰 편이지.

71 강수

precipitation

내려오다, 내리다는 뜻의 강(降)자를 쓰는

↑ 승
↓ 강

하강
승강기
강림

강수는 말 그대로 **물이 내리는 것**이지.

降 水
내릴 **강** 물 **수**

하강
승강기
강림

좀더 엄밀히 말하면 어떤 형태로든 물이 지표에 떨어지는 것을 말하므로 비 뿐만 아니라, 눈, 우박 등도 포함하는 개념이지.

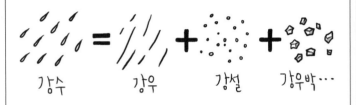

강수 = 강우 + 강설 + 강우박…

가장 중요한 사실은 물이 떨어지려면 물이 올라가야 한다는 것!!!

세상에 공짜가 어딨어?

그러니 강수가 되려면 **많은 양의 수증기가 상승**해야 해.

상승한 수증기는 기온이 내려가 언젠가는 응결되고 떨어질 테니까.

강수는 바로 이 수증기가 상승하는 원인에 따라 몇 가지 유형으로 나뉘지.

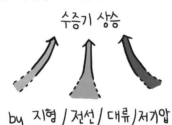

수증기 상승

by 지형 / 전선 / 대류 / 저기압

▶ **지형성 강수**: 산과 같이 공기를 상승하게 만드는 **지형** 때문에 비가 내리는 거야.

바람도 좀 불어줘야 돼

이걸 타고 수증기가 상승한다고~

습한 공기가 이 지형을 따라 상승하다가 비구름으로 변해 비를 뿌리지.

더 자세한 원리는 핀 편 에서~

▶ **전선성 강수**: 전선이 **두 기단의 경계**라고 했으니 여기에 비가 내리는 것이겠지?

더운 기단과 찬 기단이 만나면 찬 공기가 더운 공기 아래로 파고 들거나

더운 공기

찬 공기

더운 공기가 찬 공기를 타고 상승해 비를 뿌리거든.

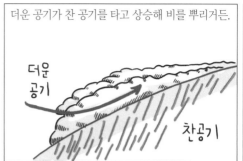

▶ **대류성 강수** : 열대지방처럼 강한 일사가 비치는 곳에서는 **지표의 단순 가열에 의해 수증기가 상승**하고

데워진 공기가 상승하는 걸 '대류'라고 하잖아~

비구름이 형성되어 강한 비를 뿌려.

이번엔 좁은 면적을 짧은 시간에 강하게!

한여름의 소나기나 스콜이 대류성 강수에 속하지.

스콜(Squall)은 열대지방에 갑자기 불어닥치는 소나기와 돌풍으로

깍

그 어원이 'squeal'이라 하니 얼마나 강한 비바람인지 알겠지?

squeal[skwiːl]
1. 꽥꽥거리며 소리지르다
비명지르다. 울다

▶ **저기압성 강수**: 저기압성 강수는 더 정확히 말하면 **이동하는 열대성 저기압에 의한 강수**야.

From 열대

모든 강수에는 상승기류가 있고 이는 곧 저기압이니까. ^^;;

듣고보니 그렇네~

열대지방의 해상에서는 강한 일사에 의해 거대한 상승기류가 생기고

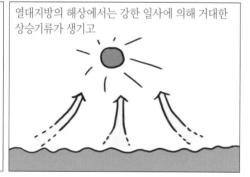

수렴한 공기가 상공에서 응결하여 구름과 강수가 나타나.

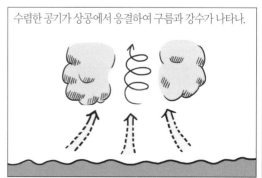

이 열대성 저기압이 고위도로 이동하면서 점점 세력이 커져 거대한 비바람을 동반 하게 되는데,

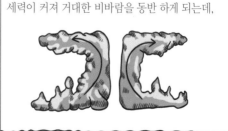

태풍이 우리나라를 지날 때 내리는 강수가 대표적인 저기압성 강수야.

147

세계의 다우지와 소우지

wet-climate / dry-climate region

여러 가지 다양한 기후 요인들로 인해 변화무쌍한 기상 현상을 보이는 지구는 강수의 지역적 차이도 크단다.

다우지와 소우지의 전체적 분포와 원인은 알아두어야 하는데,

특히 강수의 유형과 잘 연결해서 이해하도록 해.

바로 앞장에서 했으니 아직 안 까먹었지??

넌 애들을 몰라!

우선 **적도지방은 강한 일사를 받아 상승기류**가 생기고 저압대가 형성되어

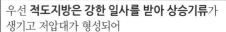
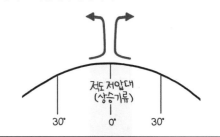

적도 저압대 (상승기류)

30° 0° 30°

다우지가 돼.

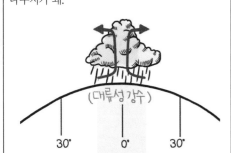

(대류성 강수)

30° 0° 30°

한편 **극의 찬 공기와 아열대의 더운 공기가 만나는 60° 부근**에서도 비가 많이 내리는데,

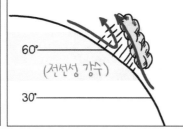

60°

(전선성 강수)

30°

이를 한대 전선대라고 한다고 했지?

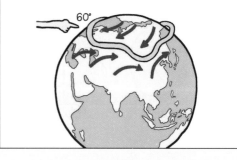

60°

또 인도의 아삼지방처럼 **습한 바람이 지나는 곳에 높은 산맥이** 가로막고 있다면 그곳도 역시 다우지지.

히말라야

(지형성 강수)

ASSAM

인도

습한 남동계절풍

세계에서 가장 비가 많이 오는 지역이야.

반면 대표적인 소우지는 적도에서 상승한 대기가 가라 앉으며 **하강 기류가 되는 위도 30°부근**이야.

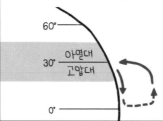

60°

30° 아열대 고압대

0°

연중 건조하여, 세계적인 사막이 많이 분포해 있어.

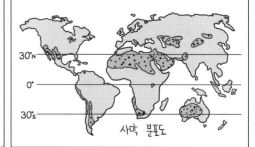

30°N

0°

30°S

사막 분포도

찬 공기가 하강하는 **극지방**도 공기가 상승할 일이 없으니 소우지고

대륙의 안쪽도 습한 공기가 지나지 않아 소우지가 돼.

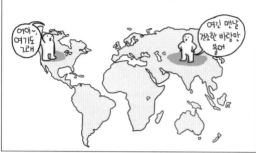

하지만 바다와 접하고 있더라도 **한류가 흐르는 곳**은 수증기가 상승하지 않아 소우지야.

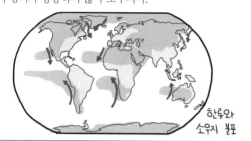

마치 냉탕 주변엔 기온이 낮고 공기가 안정되어 있지만 온탕 주변엔 수증기가 올라오는 것처럼 말이야.

어때? 지구의 지형과 대기를 이해한다면 어려울 것도 없지? 아래의 세계 강수 분포도를 보면서 정리해보자.

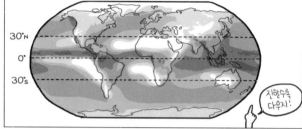

특히 강수의 대(帶)상 분포는 항상풍과도 관련이 깊으니 기억해두도록!

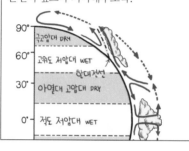

73 바람

wind

이번엔 기후를 구성하는 요소 중 바람을 살펴보겠어.

내가 본격적인 바람 수업을 하기전에 진짜 이 얘기는 꼭 하고 넘어 가야 겠는데..

무엇보다 바람은 **출발점을 기준**으로 명칭을 붙인다는 거야. **바람이 생성되는 곳의 성격을 닮기 때문에 시작점이 중요**한 거라고.

이 그림에서의 바람은 해풍이고 또 서풍이 아니라 동풍이지.

북풍, 남풍, 산풍, 해풍, 육풍.. 다 생성된 지역이나 방향을 의미하는 것이라고. 그러니 그 곳을 보면 바람의 성질을 알 수 있어.

바람을 크게 나누면 항상풍이나 계절풍, 열대성 저기압에 의한 바람처럼 비교적 넓은 범위에 걸쳐 부는 바람과

푄이나 산바람, 강바람, 계곡풍, 빌딩풍, 해안가의 해륙풍처럼 지역적 원인에 의해

좁은 범위에 걸쳐 부는 국지풍으로 나눌 수 있지.

74 탁월풍

prevailing wind

이렇게 바람은 수많은 원인에 의해 다양하게 불게 마련이지만

지구 전체를 놓고 볼 때,

위도별로 언제나 탁월하게 부는 바람이 존재한다는 것을 알게 되었어.

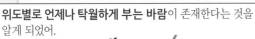

이를 **항상풍** 또는 **탁월풍** (prevailing wind)이라 해.

우선 기본적으로 바람은 공기 밀도가 높은 곳에서 낮은 곳으로 이동하는 것이라는 걸 잊지마.

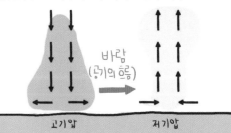

그런데 강수에서 했듯이 위도에 따라 비슷한 기압대의 띠가 형성되기 때문에

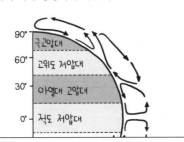

전체적으로 고압대인 곳에서 저압대인 곳으로 연중 바람이 불게 되는 거지.

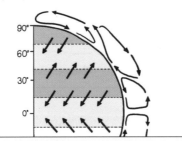

복잡해 보인다고? 쉽게 설명해 줄테니 일어나봐!

우선 적도는 뜨겁잖아!! 강한 상승 기류가 생기겠지.

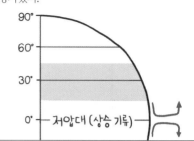

이 적도의 상승기류가 차가워지면서 위도 30° 부근에서는 하강하는 순환이 생기겠지?

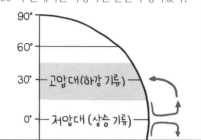

바람은 고압대에서 저압대로 불 테니 **중위도에서 적도로** 바람이 불겠지.

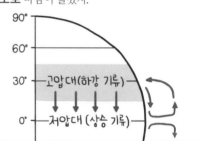

지표 입장에서 보면 공기가 뜨거워 상승하고 주변 공기가 유입되어 또 상승하고…

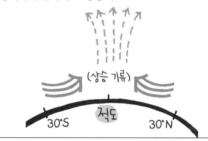

공기가 계속 적도로 모이니 바람이 적도를 향해 불게 되는데,

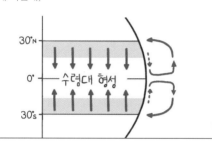

이 때, 지구의 자전으로 북반구에서는 **시계방향으로** 휘어 분단다.

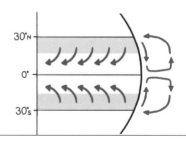

이렇게 **북반구에서는 북동쪽, 남반구에서는 남동쪽으로부터 적도를 향해 휘어 부는 바람을** 편동풍 혹은 무역풍 이라고 해.

왜 무역풍이냐고? 이 편동풍은 연중 일정하게 불고 해양에서 뚜렷해서 이걸 타면 항해가 쉬웠거든.

자, 이제 찬 공기가 하강하는 지구의 냉동고, 극으로 가서 극동풍을 살펴보자.

중위도의 편서풍은 저위도에서 올라오는 공기와 극에서 하강하는 공기가 맞물리는 거라서 나중에 할 거야.

미리 말을하지..

극에서는 차가운 공기가 하강하면서 저위도 쪽으로 흘러내려.

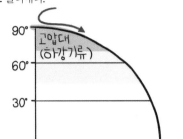

고압대 (하강기류)

냉동고 문을 열면 차가운 공기가 우르르 쏟아져 내리듯이 말이야.

오 비베빅!

즉, 극에서 저위도로 한랭한 바람이 불게 되는데,

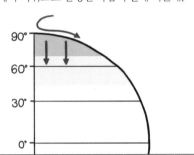

이 바람도 지구 자전으로 동쪽으로 심하게 치우쳐 불거든.

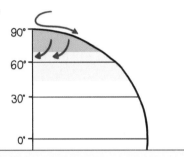

극에서 불어오는, 동쪽으로 치우친 바람이므로 이를 극편동풍, 줄여서 극동풍이라 하는 거야.

극동풍

77 편서풍

westerlies

사실, 아까 무역풍 할 때 말 안 한 게 있는데…

넘 어려울 거면 말하지마~

30° 부근의 하강 기류에는 적도로 내려가는 흐름 말고 고위도를 향해 불어가는 바람도 있어.

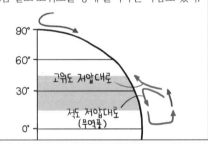

고위도 저압대로

적도 저압대로 (무역풍)

극동풍이 내려오다 이 따뜻한 공기를 만나면 **상승 기류**가 생긴단다.

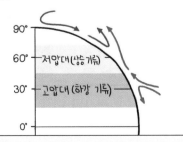

저압대(상승 기류)

고압대 (하강 기류)

상승기류로 60° 부근은 공기의 밀도가 낮아지고 이를 채우려고 다시 여기에 바람이 불고… 하는 순환이 형성돼.

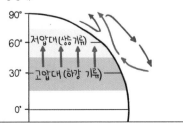

저압대(상승 기류)

고압대(하강 기류)

그런데 **30°고압대에서 60°저압대로 부는 이 바람도 지구 자전에 의해 서쪽으로 강하게 치우쳐 불어.**

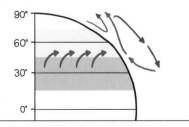

그래서 이를 편서풍이라 하지.

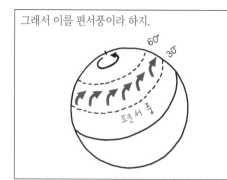

물론 이 때의 편(偏)이 치우치다는 뜻인 건 알고 있지?

편중
편애
편식

으응? 뭣이라고?

에잇, 왜 이래, 바람은 출발지의 이름을 붙인댔잖아.

편서풍의 경우 가만히 두면 남풍일 것을, 지구 자전으로 출발지가 서쪽으로 휘어 있는데?

우리나라도 이 편서풍대에 속하기 때문에 대기는 기본적으로 서에서 동으로 흘러.

강수에서도 언급했지만, 특히 찬 공기와 따뜻한 공기가 만날 수밖에 없는 위도대라

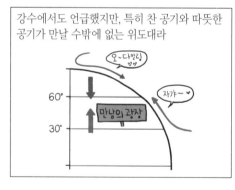

극동풍과 편서풍이 만나 만성적인 한대전선이 오르락내리락 하면서 다양한 기후 현상이 나타나지.

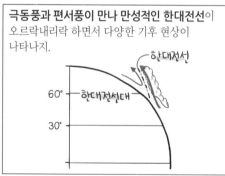

또 편서풍의 영향으로 **대륙 서안은 해양성 기후를, 대륙 동안은 대륙성 기후**를 띠게 돼.

그렇지만 지표에서 부는 편서풍은 동안보다는 **서안이 우세**하고

동안은 상대적으로 계절풍의 영향을 많이 받는데, 다음 장에서 다루자고.

자자, 하나로 정리해 보자. 이제 그다지 복잡해 보이지 않지?

계절풍

monsoon

계절풍은 계절에 따라 달리 부는 바람,

그래서 1년을 주기로 나타나는 바람이지.

영어 'monsoon'도 아랍어로 '계절'이라는 단어에서 유래했단다.

예전에 아라비아 상인들이 이곳의 계절풍, 더 정확히 말하면 여름에 부는 남서풍과 겨울에 부는 북동풍을 항해에 이용했거든.

바로 이것이 지금은 세계 어디나 계절별로 다르게 부는 바람을 가리키는 이름으로 쓰이지.

계절풍이 부는 이유는 당연히 바다와 육지의 비열차 때문인데,

여름엔 대륙이 따뜻해 상승 기류가, 바다는 상대적으로 차가워 하강 기류가 생기므로

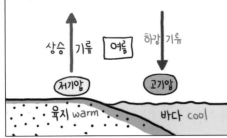

바다에서 바람이 불어오겠지.

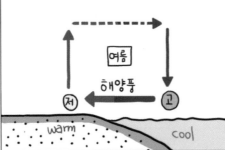

반대로 겨울에는 대륙풍이 불테고

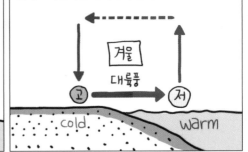

이 현상은 바닷가에 서 있으면 하루를 단위로 생기기도 해.

하지만 넓은 범위에서 보면 1년을 단위로 바람의 방향이 정반대로 바뀌면서 기온이 변하고 계절도 변하지.

이 지도는 계절풍의 영향을 많이 받는 지역을 표시한 건데 유라시아 대륙의 동안에서 탁월하다는 걸 알 수 있어.

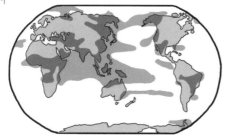

그 이유는 유라시아 대륙의 서안이 여름 해양풍은 서풍과 합쳐져서 강하지만,

편서풍
여름해양풍

대륙이 찢어진 모양으로 바다와 섞여 있는데다, 연중 난류까지 흘러 겨울엔 대륙풍이 약해.

노르웨이 난류
북대서양 난류
나 원래 짱 다혈질인데, 성질 많이 죽네

그래서 계절풍이 안부는 것은 아니지만 연중 편서풍이 우세하다고 하는 거야.

여기 원래 내 구역이야
편서풍
계절풍 (겨울 대륙풍)

반면 우리나라를 비롯한 유라시아 대륙 동안은 그야말로 드넓은 태평양과 대륙이 1:1로 마주보고 있어서

맞짱떠!
좋아!

대륙풍과 해양풍이 번갈아 나타나는 계절풍이 우세한거야.

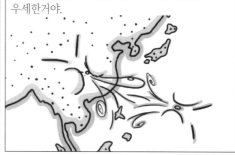

정리하자면 서안에는 편서풍과 난류의 영향으로 해양성 기후가, 동안은 전체적으로 대륙성 기후가 강해.

편서풍
난류
⇩
해양성 기후

뭐리 앨팔탄타!

대륙 영향
계절풍
⇩
대륙성 기후

이러한 까닭에 동안은 연교차와 강수의 계절차가 크지만 서안은 작지.

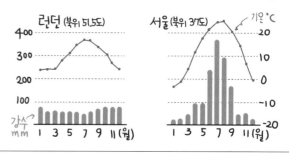

런던 (북위 51.5도)
서울 (북위 37도)
기온 ℃

강수 mm

79 열대성 저기압

tropical depression

앞에서 열대성 저기압을 강수의 측면에서 배웠어. 기억 나지? 맞아, 강한 저기압이 이동하면서

저기압성 강수

집중 호우를 마구 뿌리는 강수지.

강수지를 마구 뿌린다고?
먼소리야..
뿌릴라면 아이유를 뿌리던가..

그런데 이것들은 **최대 풍속이 20~40m/s 이상으로,** 다른 바람과 비교해 보아도 상당히 강한 바람이야.

실바람
0.3~1.5

된바람
10.8~13.8

산들바람
3.4~5.4

큰바람
17.2~20.7 (m/s)

그래서 바람의 유형 중에 빠질 수 없는 하나란 말씀.

심바야

넌 왜 엄마를 안부르고 심바를 불러?

적도지방에서 생성되는 열대성 저기압들이

상승 기류로 인한 빈공간을 채우려고 주변의 공기들이 빠르게 유입되지

북상하면서 온대지방의 바람들과 합쳐지고 세력을 증가시켜 결국 엄청난 돌풍이 되거든

모여라!!

이 돌풍은 생성되는 지역에 따라 태풍, 허리케인, 사이클론, 윌리윌리 등으로 불리며

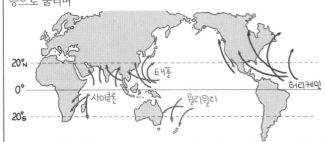

20°N
태풍
0°
사이클론
윌리윌리
허리케인
20°S

그 중 우리나라를 지나는 것을 태풍이라 하지.

허리케인
태풍
사이클론
윌리윌리

태풍은 환경 단원에서 따로 설명해 두었으니 참고하도록~

예전에 심바라는 강아지를 태풍에 잃어버렸어.. 흑 어디서 보신탕이나 안됐는지....

어? 심바?.. 나 어디서 들어본듯..

80

쾨펜의 기후 구분

climate classification of Köppen

기후는 그 자체로 인간 생활에 영향을 미칠 뿐만 아니라

우천시 공연취소
-지송 ..

수영띠고 달려 왔지 마...

양~

오빠~ 흑 ㅠㅠ

지역 간에 식생이나 토양, 더 나아가 지형의 차이를 가져오기 때문에

비가 충분히 내려야 살 수 있어

빗물이 모여 하천을 이뤄나 비도 나의 근원!

비가 넘 많이오면 땅 속 영양분이 깎여가

기후의 특징을 찾아내어 구분하는 것은 인간 생활에 유용하게 쓰여.

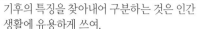

여긴 동남아시아와 기후가 비슷하니까 고무나무를 심어도 잘 자라겠군

고무재배 지역

그렇다면 무엇을 기준으로 세계의 기후를 구분하면 좋을까?

갑 더운데 추운데로 나누면 돼지 뭘 복잡스럽게!

지구는 그리 단순하지 않아. 나처럼 복잡하고 섬세하다고~

독일의 기후학자인 쾨펜은 기후의 특성을 잘 반영하는 식생을 기준으로 구분했어.

그래도 내가 한 게 그나마 낫다고

Wladmir
Köpen
1846-1940

식생은 한 지역에 머무르며 자라다 보니

정이 싫으면 좋은 떠날 수 있지만

기후가 싫어도 난 떠날 수 없는 신세..

저마다 생장하기 좋아하는 기후가 달라.

난 18℃ 이상온도, 연강수량 2000m 이상이 딱 좋아~

열대우림 식물

따라서 어떤 식생이 동일하게 분포하는 지역은 같은 기후 지역으로 구분하는 거야.

음~ 여기서도 자라고 저기서도 자란 걸 보니 기온,강수량 등 기후가 비슷한가보네

여기   저기

또한 식생은 인간이 쉽게 경험으로 관찰할 수 있기 때문에 연구하기에 편리해.

겉으로만 봐도 한눈에 척! 보이잖아~

지금도 쾨펜이 만들어 놓은 기후 구분 틀이 널리 쓰이고 있으니 우리도 좀 더 자세히 살펴보자~

나 쫌 짱인듯..~ ✌

식생이 자라는데 무엇보다 기온과 강수량이 중요한데

특히 강수량은 식물의 생장에 절대적인 영향을 미쳐.

니들도 밥안먹고 한달 버텨도 물없인 3일도 못버텨

그래서 쾨펜은 우선 식생이 자랄 수 있는 습윤 기후와 식생이 비교적 살기 어려운 건조 기후로 구분했어.

식생이 자라기에 강수량이..?

충분   부족

습윤기후   건조기후

그리고 습윤 기후는 특정 식생이 자랄 수 있는 한계 기온에 따라 4단계로 구분했단다.

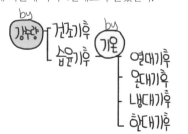

by
강수량 ┬ 건조기후
      └ 습윤기후 by
              기온 ┬ 열대기후
                  ├ 온대기후
                  ├ 냉대기후
                  └ 한대기후

우선 열대 식생이 자랄 수 있는 한계인 최한월 평균기온 18℃이상의 기후를 열대 기후로

-3℃보다 최한월 평균기온이 높아 낙엽 활엽수림이 자라는 기후를 온대 기후로,

침엽수림이 자랄 수 있는 기온인 10℃보다 최난월 평균기온이 높은 기후를 냉대 기후로,

최난월에도 평균 기온이 10℃보다 낮은 기후를 한대 기후로 분류했지.

1차적으로 총 5개로 세계의 기후를 구분했어.

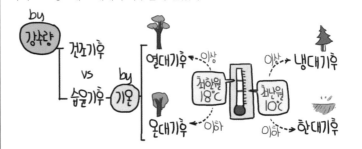

여기에 고산 기후를 추가해서 쾨펜 기후 구분의 간략한 버전으로 널리 쓰여.

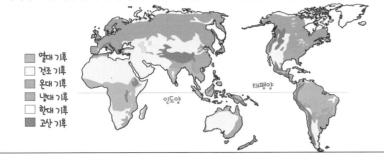

그런데 이렇게 구분하고 나서 보니, 같은 기후가 나타나는 지역이 너무 넓게 나타나서

쾨펜은 강수량 등을 기준으로 다시 한 번 세분했어.

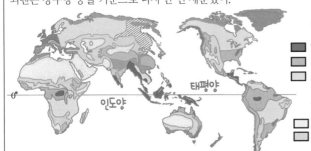

이걸 다할꺼냐고? ○○ 다할 꺼임~

81 열대 기후

tropical climate

뜨거운 띠! 열대 기후는 기온이 높은 적도 부근에서 띠 모양으로 나타나는 기후야.

熱 帶
더울 열 　 띠 대

연중 일사량이 많아 최한월에도 평균 기온이 18℃보다 높고

연교차가 거의 나타나지 않아.

오히려 일교차가 연교차보다 크지.

열대 기후는 강수량에 따라 열대 우림과 열대 사바나, 열대 몬순 기후로 세분하는데, 이 강수량의 결정적인 차이를 만드는 것은 기압 분포란다.

▶ **열대 우림 기후** : 우선 적도를 중심으로 남,북위 5~10° 사이에서는 지속적인 일사로 형성된

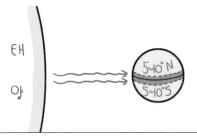

연중 적도 저압대(=열대 수렴대)의 영향을 받아 강수량이 풍부한 기후가 나타난다고 했지?

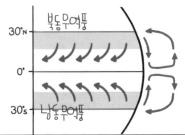

이렇게 덥고 비가 많이 내리기 때문에 **식생이 왕성하고 숲이 우거진 기후를 열대 우림기후라고 불러.**

熱 帶 雨 林
열대 　 비우 수풀림

강수량이 풍부한 기후가 나타난다고 했지?

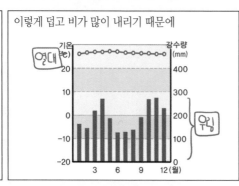

이렇게 덥고 비가 많이 내리기 때문에

이곳은 햇빛이 연중 강하게 내리 쬐어

데워진 공기는 상승하지

지표가 달궈지면 그 위의 공기도 데워지고

대류성 강수인 스콜(squall)이 오후에 자주 내리기도 하지.

나 31상에 있자세 그대로 춤어했었다고!

이 기후에서는 바람이 약한 편이라 환기가 잘 되지 않고 땅으로부터 올라오는 열이 많아.

우리 이 될 것같아...

그래서 집을 지을 때 마루바닥을 높게 짓는데,

이렇게 지어야 홍수, 습기, 지열, 해충 등을 피할 수 있거든

이를 **고상가옥**이라고 해.

高床家屋

높을**고** 마루**상** 집**가** 집**옥**

평**상**　　　　　**옥**상
　　　　　　　　옥외

게다가 지붕의 경사가 가파르고 처마가 길게 늘어뜨려져 있어서 많은 비가 내려도 끄떡없지.

▶ **사바나 기후** : 열대 우림 기후의 가장자리 밖, 남북위 20°에 이르는 지역은 강수 패턴이 급격히 달라지는 기후가 나타나.

●열대 우림기후,
●사바나 기후

태양의 고도가 높은 시기에는 열대 우림 기후처럼 적도 저압대의 영향을 받아 비가 많이 내리지만.

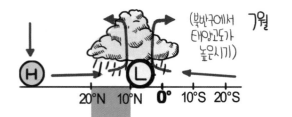

(북반구에서 태양고도가 높은시기)

7월

태양의 고도가 낮은 시기에는 아열대 고압대의 세력권에 들어가 강수 현상이 거의 나타나지 않아서 건조하단다.

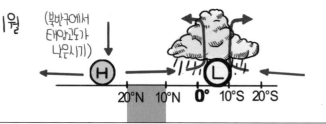

1월

(북반구에서 태양고도가 낮은시기)

위도가 높아질수록 아열대 고압대의 영향을 오래 받기 때문에

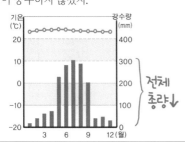

비가 내리는 기간보다 내리지 않는 기간이 길어지지.

이러한 원리로 이곳은 우기와 건기가 번갈아 나타나는 거야.

雨 期
비 **우** 기약할, 기간 **기**

乾 期
마를 **건** 기약할, 기간 **기**

그런만큼 일년 내내 울창한 나무가 자랄만큼 강수량이 풍부하지 않겠지.

대신 우기에 자랐다가 건기에 시드는 긴 풀이 자라는 초원이 펼쳐져 있고

드문드문 가뭄을 잘 견디는 나무들이 나타나는데

이러한 열대 초원을 사바나(savanna)라고 하기 때문에 이 지역의 기후를 사바나 기후라고 불러.

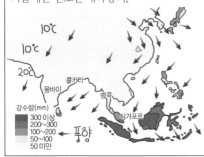

넓은 초원 덕분에 초식동물의 낙원이고 이들을 잡아먹는 다양한 육식동물도 서식하지.

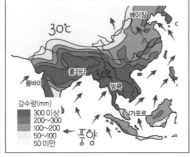

▶ **열대 계절풍 기후** : 동남아시아와 인도 등지에는 대기 대순환에 의해서가 아니라, 계절풍으로 인해 우기와 건기가 나타나.

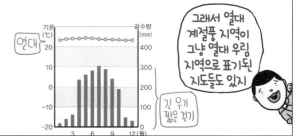

○ 열대몬순기후

겨울에는 건조한 대륙풍의,

여름에는 습한 해양풍의 영향을 받지.

건우기가 반복되는 것은 같지만 우기가 길다 보니 열대 우림이 자라서 사바나 기후와 구분해.

이 기후를 **열대 계절풍 기후** 또는 **열대 몬순(monsoon) 기후**라고 부르지.

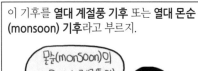

82 건조 기후

dry climate

건조 기후는 강수량이 극히 적거나 증발량이 월등히 많아서

지표에 수분이 부족한 기후를 말해.

乾　燥

마를 건　마를 조

일년 내내 내리는 강수량이 500mm가 되지 않지.

건조 기후가 나타나는 원인은 크게 세가지로 나눌 수 있어.

우선 연중 하강 기류가 나타나서 구름이 형성되기 어려운 아열대 고압대 때문이야.

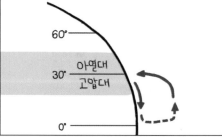

위도 10~30° 부근으로 세계적인 사막도 이곳에 많이 분포한댔지?

둘째 바다와 멀리 떨어져 있는 대륙의 안쪽이나

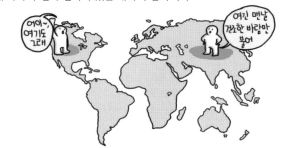

바다로부터 불어오는 바람이 높은 산맥으로 가로막힌 대륙 내부에서도 건조 기후가 나타나.

습윤한 공기
건조한 공기

마지막으로 주변 해안에 한류가 흘러서

캘리포니아 해류
카나리아 해류
페루 해류
벵겔라 해류
서오스트레일리아 해류
한류와 소우지 분포

늘 공기가 차갑게 가라앉는 지역도 건조하지.

차가워 가라앉은 공기
한류

건조 기후는 강수량에 따라 크게 둘로 구분해. 건조 기후 안에서도 강수량에 따라 경관이 다르게 나타나거든.

사막기후
스텝기후

▶ 사막 기후 : 일년 내내 내리는 강수량이 고작 0~250mm 정도밖에 되지 않는 지역은

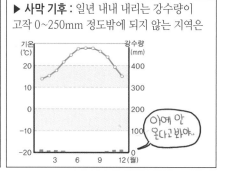

기온(℃) / 강수량(mm)

이예 안 온다고 봐야..

식물이 살기 어렵기 때문에 모래나, 자갈, 바위 등이 지표를 덮고 있는데 이러한 기후를 사막 기후라고 불러.

사막에 모래만 있다고 생각하면 오산!
기반암
바위 자갈 모래

이곳은 여름에 매우 덥지만 습도가 낮기 때문에 햇빛을 가리거나 그늘에 있으면 무척 시원해.

저 야자수 그늘 아래서 좀 쉬어야겠다

그래서 햇빛을 잘 반사하는 흰 옷감으로 온 몸을 가리는 것이 전통 복장이지.

더운 곳에서 천을 두르고 있으면 더 더울 것 같지만 햇빛에 살갗이 닿지 않아 오히려 좋아

집을 지을 때에도 벽을 두껍게 만들고 창문을 거의 만들지 않거나 아주 조그맣게 만들고,

그래야 낮에 밖의 열기를 막아주고
밤에 밖의 냉기를 막아주지

게다가 강수량이 적기 때문에 경사를 줄 필요가 없으니까 지붕을 평편하게 만들지.

네모나고 평편하면 공간활용에도 굿

▶ 스텝 기후 : 사막 기후 주변에는 건조하긴 하지만 연평균 강수량이 250~500mm 정도 나타나는 지역이 분포하는데

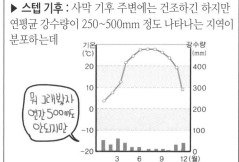

기온(℃) / 강수량(mm)

뭐 고래봤자 연간 500㎜도 안되지만

이 정도 강수량에서는 나무가 자랄 순 없지만 짧은 풀은 자랄 수 있기 때문에 넓은 초원이 펼쳐져.

이러한 초원을 **스텝(steppe)**이라고도 부르기 때문에 이 기후를 스텝 기후라고 불러

○ 사막 기후
○ 스텝 기후

스텝은 러시아 사람들이 초원을 부르던 말을 독일어로 표기한 거란다.

러시아의 서남부 지역과 중앙 아시아에는 세계적인 초원(스텝)이 펼쳐져 있었기 때문이지.

러시아일대의 스텝초원

저위도의 기후 분포를 살펴보면, 연중 적도 저압대의 영향을 받는 열대 우림 기후와 연중 아열대 고압대의 영향을 받는 사막 기후 사이에

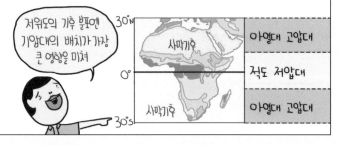

저위도의 기후 분포엔 기압대의 배치가 가장 큰 영향을 미쳐

사막기후
아열대 고압대
적도 저압대
아열대 고압대
사막기후

둘의 영향을 번갈아 가며 받는 사바나 기후와 스텝 기후가 나타나는 것을 알 수 있어.

스텝기후
사바나 기후
스텝기후

그래서 두 기후는 겹쳐서 서계을 띠어

스텝 기후가 사바나 기후보다 아열대 고압대의 영향을 받는 시기가 길다 보니 강수량이 적어 더욱 건조하고

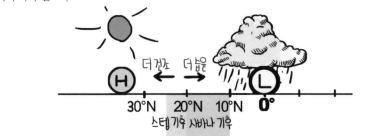

더 건조 ← → 더 습윤

H
L
30°N   20°N   10°N   0°
스텝 기후 사바나 기후

따라서 풀의 길이도 더욱 짧다는 것을 눈치챌 수 있겠지!

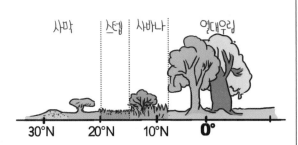

사막   스텝   사바나   열대우림

30°N   20°N   10°N   0°

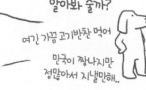

야 그더운 사막에.. 물도 먹을것도 없을거구.. 만국이한테 자리좀 알아봐 줄까?

여기 가끔 고기반찬 먹어

만국이 짢나지만 정말아서 지낼만해

○○ 고맙
근데 나 버즈알아랍 살아 고기는 안심쪽 레어만 소화되는데.. 연어는 노르웨이쪽만 먹구..

우리 주인이 만수르야..

만국이는 너나가져..

83 온대 기후

temperate climate

온대 기후는 중위도에 위치하여 온화한 기후를 보이는 지역이지.

溫帶
따뜻할 온 띠 대

1년을 주기로 받는 태양에너지가 달라 사계절이 뚜렷해.

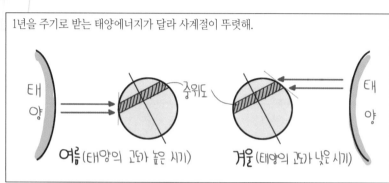

편서풍이 부는 위도대이기 때문에 대륙의 어디에 위치하느냐에 따라 기후가 달라져.

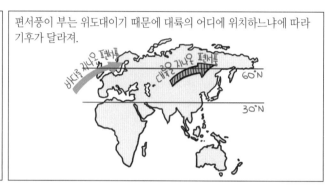

온대 계절풍 기후, 서안 해양성 기후, 지중해성 기후로 나뉠 수 있는데,

▶ 온대 계절풍 기후 : 위도 20~35° 의 대륙 동안에 위치한 지역은 대륙을 지나온 편서풍의 영향력이 약해.

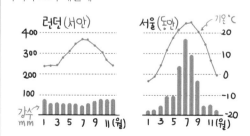

대신 수륙분포와 계절에 따라 다른 기단의 영향으로 풍향이 바뀌는 **계절풍 기후**가 나타나

무엇보다 대륙 서안보다 계절에 따른 연교차와 강수량 차이가 크기 때문에

이러한 계절 변화에 적응하여 의식주가 발달했어.

일본의 다다미(짚으로 된 돗자리)도 온대 계절풍 기후에 적응한 거라고.

특히 여름철은 마치 열대 기후 같이 고온 다습해서 벼농사를 짓기 적합해.

온대 기후구는 지역에 따라 난대림, 냉대림, 활엽수림 등이 다양하게 분포하는 혼합림 지역이지만,

위도가 높은 온대 계절풍 기후 지역은 비교적 연교차가 커서

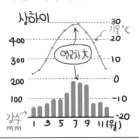

낙엽 활엽수가 자라. 여름엔 광합성을 많이 하기 위해 잎이 넓지만 겨울엔 추위에 얼어 죽지 않도록 잎을 떨구지.

반면 위도가 좀 더 낮은 지역은 연중 기온이 영상에 머물기 때문에

잎을 떨굴 필요가 없이 항상 푸른 상록 활엽수가 나타나.

▶ 서안 해양성 기후 : 북서유럽, 호주 남동부, 뉴질랜드 등 위도 40~60°의 대륙 서안은 바다 위를 지나는 편서풍의 영향을 우세하게 받는다고 설명했었지?

이렇게 연중 바다의 영향을 많이 받는 중위도 대륙 서안의 기후를 서안 해양성 기후라고 해.

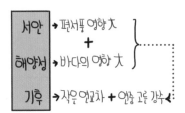

즉, 연중 바다에서 불어오는 편서풍은 습기를 머금고 오기 때문에 일년 내내 고르게 비가 내려.

이러한 기후 현상을 보이는 이유는 바다는 육지보다 기온 변화가 크지 않은데다

중위도 대륙 서안에는 연중 난류가 흐르기 때문이야.

호주 남동부나 아프리카 남동부에서 서안 해양성 기후가 나타나는 이유도 난류 때문이란다.

▶**지중해성 기후** : 지중해 주변에서 나타나는 기후겠지, 뭐 ^^::

유럽과 아프리카 대륙 사이에 위치하는 바다라서 지중해라고 하지.

실제로 지중해성 기후는 지중해 뿐만 아니라 위도 30~45°의 대륙 서안에서도 나타나.

지중해성 기후의 독특한 특징을 만드는 중요한 요인은 기압대의 이동이야.

이 위도대는 아열대 고압대와 한대 전선대 사이에 위치하기 때문에 두 기압대가 계절별로 번갈아 영향을 미쳐.

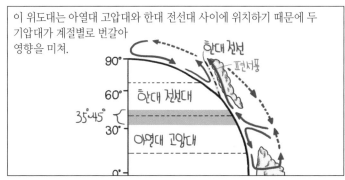

태양의 고도가 높은 계절에는 아열대 고압대가 고위도로 이동하면서 영향을 미치기 때문에

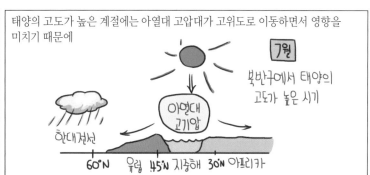

여름에 비가 잘 내리지 않아 매우 건조하고

해외뉴스
지중해 지역은 여름에 건조해 그 때 산불이 잘 나겠지

그리스에서 7월 발생한 산불이 한달간 계속돼 ···

북서 유럽보다 위도도 낮아서 무척 더워.

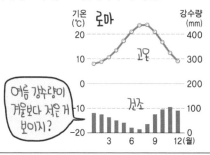

로마
기온(℃) / 강수량(mm)
고온
건조
여름 강수량이 겨울보다 적은 게 보이지?

그래서 지중해성 기후를 **온난 하계 건조 기후**라고도 해.

이러한 기후를 활용해 포도, 올리브 등의 수목 농업이 발달해 인문지리편에 잘 설명되어 있어~

그러니 남부유럽 사람들은 오래 전부터 여름의 더위를 피하는 방법을 터득했지.

뜨거운 오후엔 낮잠을 자는 게 상책

두꺼~운 벽에 흰칠을 해서 햇빛을 차단했어

한편, 태양의 고도가 낮아지면 아열대 고압대가 남하하면서 편서풍의 영향권에 들어가.

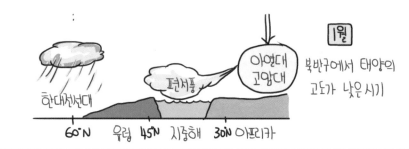

1월
북반구에서 태양의 고도가 낮은 시기

한대전선대
편서풍
아열대 고압대
60°N / 유럽 45°N / 지중해 30°N 아프리카

그래서 겨울은 서안 해양성 기후와 비슷하게 습윤하고 온난한 편이지.
이를 이용해 겨울에 오히려 곡물이나 채소를 재배하기도 한다고.

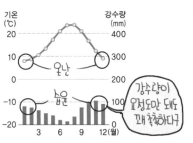

기온(℃) / 강수량(mm)
온난
습윤
강수량이 요정도만 돼도 꽤 촉촉하다구

지중해 횟집 차림표
광어 70,000   매운탕 30,000
우럭 70,000   상추추가 1,000
도미 80,000   공기밥 1,000

상추추가랑 공기밥2개,

스게다시 담뿍주세요!

싱바, 빼빨리 먹어

이 스끼 다시 왔네..

84 냉대 기후

microthermal climate

짧은 여름을 제외하고 나머지 시기가 몹시 추운 냉대 기후는

냉찜질
어으 엄청 시원하구만

冷 帶
찰 냉   띠 대

북위 40~50° 이상의 고위도 지역에 위치해. 남반구에는 그쪽에 대륙이 거의 없거든.

기온이 낮은 이유는 전반적으로 일사량이 적기 때문이겠지.

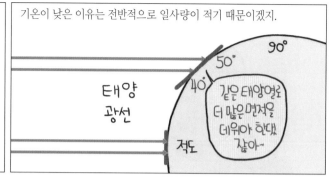

특히 북반구 고위도는 넓은 대륙이 분포하기 때문에

긴긴 겨울에는 몹시 춥고 짧은 여름에는 기온이 크게 올라서

어떤 기후보다 연교차가 커.

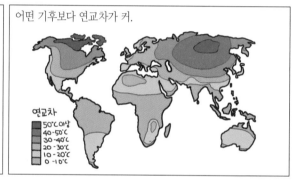

매우 넓은 지역이라 쾨펜은 강수 패턴에 따라 세분하기는 했지만,

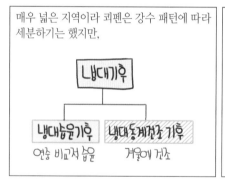

공통적으로 **연교차가 크고 겨울이 혹독**하다는 것이 특징이야.

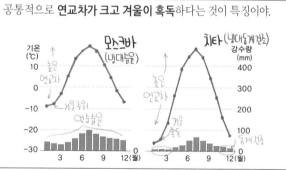

또, 가능한 오래 햇빛을 받기 위해 늘 푸른 잎을 유지하지만

겨울 햇빛을 받으면서도 잎이 어는 것을 방지하기 위해

잎이 공기와 닿는 면적을 최소화하도록 뾰족해진 **상록 침엽수**가 자라지.

상록 침엽수는 캐나다, 알래스카, 북유럽, 시베리아 지역에 걸쳐 넓게 분포해.

이렇게 침엽수림이 주로 자라는 지역을 **타이가(taiga)**라고 해.

전통 가옥의 형태도 주변에서 쉽게 구할 수 있는 침엽수로 만든 통나무집이란다.

85

한대 기후

polar climate

일년 내내 추운 극 지방의 기후를 한대 기후라고 해.

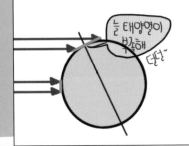

寒 帶
찰 **한**　띠 **대**

북극해 연안의 고위도 지역과 남극 대륙이 해당되겠지.

한대 기후는 나무가 자랄 수 있는 한계인 최난월 평균기온 10℃ 보다 늘 기온이 낮아서 침엽 수림이 자라는 냉대 기후와 경관이 판이하게 달라.

위도가 높다 보니 여름 밤에 해가 지지 않는

백야 현상(white night)이 나타나기도 하지.

白 夜
흰 **백**　밤 **야**

▶ **툰드라 기후** : 연중 10℃ 보다 기온이 낮지만 그나마 여름에 0℃ 이상으로 올라서

이끼류나 짧은 풀이 자라는 지역이 있는데 이러한 초지를 툰드라라고 해.

그래서 이러한 기후를 툰드라 기후라고 불러.

툰드라 초원 분포지

툰드라 지역은 워낙 춥다 보니 땅 속 깊은 곳까지 수분이 얼어있는데 이러한 토양층을 **영구 동토층**이라고 해.

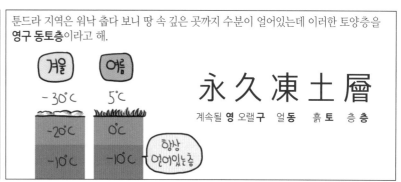

永久凍土層
계속될 **영** 오랠 **구** 얼 **동** 흙 **토** 층 **층**

기온이 영상으로 올라가는 여름에는 지표 부근만 녹아서 땅이 요동치기도 하고

집을 땅바닥에 바로 지으면 건물의 열이 전달되어 영구 동토층이 녹을 수 있어.

그래서 이 지역 사람들은 건물이 기우는 것을 막기 위해 지표에서 높게 띄어서 지어.

▶ **빙설 기후** : 그린란드의 내륙이나 남극대륙은 일년내내 기온이 0℃ 이하라 툰드라마저 보이지 않고

일년 내내 얼음과 눈으로 뒤덮여 있어서 이 지역의 기후를 빙설 기후라고 해.

氷雪
얼음 **빙** 눈 **설**

식물이 자라지 않기 때문에 인간이 거주하기에는 부적합하지만

현대에 들어서는 항공 교통의 요지로 떠오르는데다

자원 개발, 군사적인 목적 때문에 그 중요성이 점점 커지고 있어. 북극의 경우 바다뿐이라 인접국의 배타적 경제수역을 인정해주고 있지만

대륙이 있는 남극은 개발권 및 영유권 다툼이 더욱 치열하지.

우리나라도 2014년 제2 기지(장보고 기지)를 추가 건설하며 과학자들이 개발에 힘쓰고 있다구.

한반도의 60배가 넘는 심해와 천연 자원의 무한한 세계! 이런 곳에 너의 젊음을 바쳐보는 건 어때?!!

86 고산 기후

alpine climate

높은 산지는 저지대와 다른 기후가 나타나. 그래서 **고산 기후**를 따로 구분하지.

高 山
높을고 산산

물론 규모가 큰 산지 지역들에서 나타나는 기후야

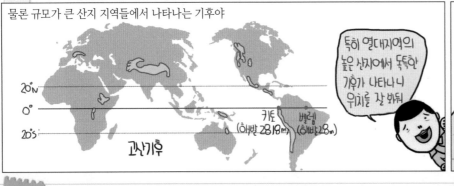

앞에서도 말했지만 아무래도 해발 고도가 높으니 연평균 기온이 낮겠지?

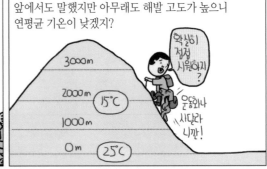

열대 기후는 일년 내내 일사량이 비슷하기 때문에 연교차가 매우 작다고 했는데

해발고도가 높다고 해서 계절마다 일사량의 차이가 나지는 않아.

아무리 높은 산이래봐야 태양과의 거리에선 정도 안되는걸?

그래서 열대의 저지대는 일년내내 덥다면 고산 지대는 연중 시원한 거야.

열대 그래프를 그대로 낮추면 돼~

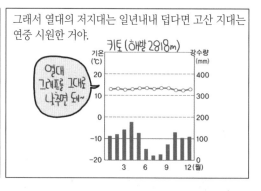

특히 열대 지역의 해발고도 2000~3000m의 산지는 연중 기온이 10~15℃ 정도란다.

저지대보다 살기 괜찮을걸~
→12℃

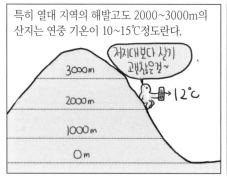

열대의 고산 지대에서 나타나는 이러한 기후를 고산 기후, 혹은 봄처럼 기후가 온화하다고 해서 **상춘 기후**라고도 해.

여기선 잘 안자도 되겠어
열대의 고지대

常 春
항상 상   봄 춘

안데스의 산지에서 잉카 문명이 발달하고 라틴 아메리카에 고산 도시들이 성장한 것도 이 기후 덕분이지.

아스텍 문명
잉카 문명

하지만 한편, 고도가 높은 곳은 바다나 호수가 멀고 기압이 낮아 수증기도 적어.

비열이 큰 내가 많아야 열이 좀 보존 될텐데..

그래서 밤에 기온이 급격하게 떨어지면서 일교차가 매우 큰 것도 특징이란다.

그래서 알파카 망토가 아주 좋다우~
좋은걸 알아가지구

자, 지금까리 우리는 세계의 여러 기후들을 살펴보았어.

으응?? 언제?? 저수지 뿌린달때 잠든거 같은데..
봐~

여기서 그치지 말고 인문지리 '세계의 문화' 부분을 지금 봐봐. 이 기후들이 산업과 문화를 결정하는 과정이 한눈에 쏘옥~ 들어온다구!

See you there!

캬~ 시원한 고산, 드넓은 목장에서 최고급 대우까지 받는대매? 거기 빈자리 없냐?
털만 내주면 되지? 가죽은 아니지?

근데 우리털은 개이득이지만 개털은 개뿔이니 개소리라며 개쳐맞고 개망신당할듯
자리나면 카톡해~
집나가면 개고생이야 만국이 말이나 잘들어

심바의 보너스* - 세계의 기후 사진으로 보기

열대 우림(아마존)　　　　열대 사바나(케냐)

열대 야생 동물들

건조 사막 기후 (나미브)　　　건조 스텝 기후 (시베리아 남부)

온대 기후

냉대 타이가 (캐나다 브리티시주)

한대 툰드라 기후 (미국 콜로라도주 로키산)　　한대 빙설 기후 (남극)

백야 (러시아 성페테스부르크)

고산 지대 (칠레 쿠스코)

87 국지 기후1―
산지 기후

mountain climate

지금까지 세계를 누볐다면 이제는 지역 곳곳에서 나타나는 기후를 살펴볼까?

국지 기후란 판(한정된 일부 지역)에서 독특하게 나타나는 기후를 말해.

局地
판국 땅지
국소마취

산지, 분지, 해안, 도시 지역처럼 좁은 지역에서 나타나는 기후지.

자, 그중 산지기후를 먼저 살펴보자. 직접 담가갈까?

너 등산화 사고, 나삼성 쓰레바나?

우선 산지는 기본적으로 해발 고도가 높아 저지대에 비해 **기온이 낮아.**

별 100m 높아질 때마다 0.6℃씩 낮아지지

운동화 진짜 안사줄꺼야?

또한 산지는 울퉁불퉁하고 식물의 피복 상태도 곳곳이 다르잖아? **국지적인 기후차**가 심한 것도 특징이지.

여긴 그늘지고 눈도 안녹았어

아~따셔 햇빛 짱!

더더 추워

전체적으로는 돌출부인 정상이나 능선, 그리고 쑥 들어간데다가 식물로 덮여 있거나 물이 흐르는 골짜기 쪽의 일조량이 달라.

일조량의 차이

정상   산등성이   골짜기

따라서 낮에는 골짜기보다 정상부의 기온이 더 많이 오르기 때문에 정상부에서 상승 기류가 생겨.

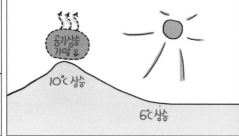

공기상승 기압↓

10℃ 상승

6℃ 상승

그렇게 되면 **낮**에는 바람이 골짜기에서부터 기압이 낮은 정상을 향해 불게 되는데 이를 **곡풍(골바람)** 이라고 하지.

아~ 시원~하다

산(山) 정상

昇風

골짜기(谷)

반면, **밤**에 지표가 식을 때는 골짜기보다 정상부 기온이 더 많이 떨어지기 때문에 하강 기류가 생기겠지?

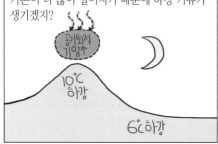

공기퇴적 기압↑

10℃ 하강

6℃ 하강

그러면 기압이 높은 산정상에서 골짜기를 향해 바람이 불어내려 가는데 이를 **산풍(산바람)** 이라고 해.

山風

산(山) 정상

치,춤따아…

골짜기(谷)

이렇듯 산지에서는 곡풍과 산풍이 번갈아 불면서 하루 단위로 풍향이 바뀐단다. 둘을 합쳐 산곡풍이라 하고.

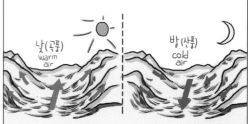

낮(곡풍)
warm air

밤(산풍)
cold air

88

국지 기후2−
해안 기후

coast climate

육지와 바다가 접해 있는 해안. 그러니 **바다의 영향**을 많이 받을 테고 내륙과는 다른 기후 현상이 나타나겠지.

비열이 큰 바다 덕분에 **연교차와 일교차가 작고**

연중 **강수의 변화도 작아.**

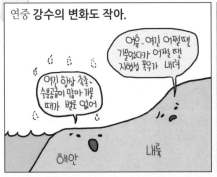

또한 **낮**에는 육지가 따뜻해 상승 기류가, 바다는 상대적으로 차가워 하강 기류가 생기므로

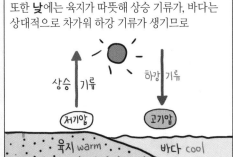

바다에서 바람이 불어와. 해풍의 풍속은 5~8km/s 정도이고 하루 중 2~ 3시경, 맑은 날 여름에 특히 강하지.

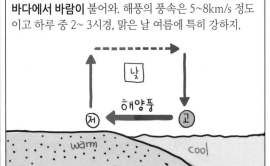

반대로 **밤**에는 **육풍**이 불겠지? 역시 육지와 바다의 온도차가 가장 큰 새벽 4 ~5시경 가장 강하며 평균 2~3km/s야.

이렇게 하루 단위로 해풍과 육풍이 번갈아 가면서 부는게 해륙풍이야.

바닷바람 부는 낮에 오시렵니까

육지바람 부는 밤에 오시렵니까

어어...? 이거 다 눈에 익은 그림이지??

그래, 이미 계절풍에서 한 얘기잖아!

그런데 계절풍은 1년을 주기로, 해륙풍은 1일을 주기로 부는 차이가 있어.

바람이 부는 단위도 저혀 달라. 계절풍은 일대 전체에 광범위하게 불지만 해륙풍은 해안가에만 국지적으로 불지

님아..이제 그만 잊고 새사랑 만나세요.. 저도 사랑 겪어봐서 님마음 잘 알아요.. 참 잘어인하죠..

사실 저도 혼자..

야! 나 아들 기다리거던!!

89 국지 기후3 — 분지 기후

basin climate

이번엔 주변이 산지로 둘러싸여 그릇처럼 쏙 들어간 분지의 기후 특징을 살펴보자.

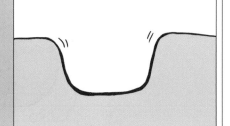

우선 이곳에서는 **일교차가 큰 계절**에 기온 **역전 현상**이 자주 발생해.

기온은 보통 고도가 높아질 수록 낮아지는 것이 정상이야. 그래서 산지의 기온도 낮잖아.

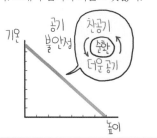

그런데 일교차가 크고 바람이 없는 날, 분지에서는 산지 사면을 타고 내려온 찬 공기가 아래쪽에 깔리기 때문에

전체적으로 **공기가 안정**된 상태가 되지. 그래서 대기 **오염 물질**도 밖으로 빠져 나가지 못하고

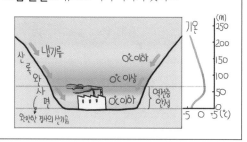

냉기류에 의해 안개가 끼거나 서리가 내릴 수 있게 돼.

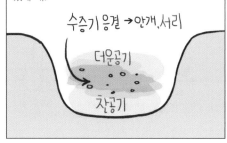

그래서 차밭이나 과수원에서는 바람 개비를 돌려 공기를 섞어 이러한 **냉해**를 예방하려고 하지.

또한 비구름이 많이 지나는 여름철엔 사방에서 **푄 현상**이 발생하므로 특히 **기온이 높고 소우지**가 돼.

연교차가 큰 것도 특징인데, 이는 분지가 바다와 멀어 기본적으로 **대륙성**이며

여름에는 **푄 현상**으로 기온이 높아지기 때문이란다.

매년 여름이면 폭염지로 기상 뉴스에 나오는 곳들! 모두 분지라고!

90

우리나라의 **기온 특징**

(air) temperature

이제부터는 지금까지 했던 여러가지 일반적인 기후 내용들을 바탕으로 해서

우리나라의 기후에 대해서 하나씩 살펴보려고 해.

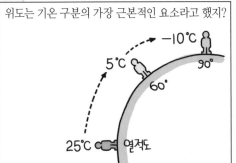

위도는 기온 구분의 가장 근본적인 요소라고 했지?

−10℃ 90°
5℃ 60°
25℃ 적도

무엇보다 우리나라는 **북반구 중위도에 위치**하여

이번 장은 수리적·지리적 위치에서 다루었던 내용이야

국제적인 구분에 따르면 **냉대와 온대 계절풍 기후의 경계**에 있어.

냉대 기후
온대기후

또 중위도에서는 연중 받는 태양에너지의 양이 달라.

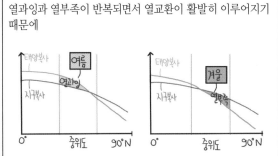

지구가 23.5° 기울어 공전하니 계절별로 받은 태양에너지 차이가 커

태양에너지

여긴 어차피 거의 수직이라 별 차이가 없어

열과잉과 열부족이 반복되면서 열교환이 활발히 이루어지기 때문에

태양복사 여름 열과잉 지구복사
0° 중위도 90°N

태양복사 겨울 지구복사 열부족
0° 중위도 90°N

사계절이 뚜렷하지.

15℃ (5월) 23℃ (8월) 10℃ (11월) 3℃ (1월)
- 2008년 남한 평균 -

또한 우리나라는 **유라시아 대륙의 동안**에 위치하여 **대륙의 영향**을 크게 받아.

중위도엔 편서풍이 부는데, 우리나라에 부는 바람은 대륙을 지나 온 거잖아 ~

그러니 연교차와 대륙도가 크다고.

연교차는 24~36℃ 가량이고, 대륙도는 50~90 정도로 꽤 큰 편에 속해

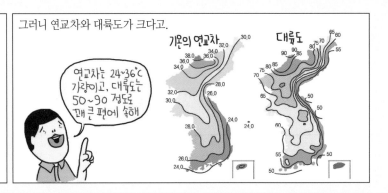

기온의 연교차 대륙도

땅의 비열이 물보다 작아서 대륙이 빨리 뜨거워지고 빨리 식기 때문이지?

그러니 **대륙에서는 겨울에 한랭 건조한 기단이 형성**되고 그 영향으로 매우 춥거든.

거기다 **여름에는 고온 다습한 북태평양 고기압의 영향**으로 계절별 기온차가 유난히 큰 거란다.

91 우리나라의 기온 분포

temperature distribution

이번에는 우리나라 내에서의 기온 분포를 살펴볼까?

기온의 계절차가 크다는 것은 아까 했는데,

실제로 1월과 8월의 온도 분포를 보면 같은 계절 내에서도 **지역차가 큰 것**을 알 수 있어.

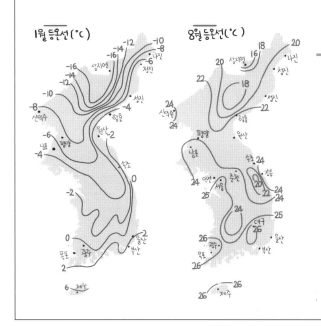

특히 **기온의 남북차가 큰데**, 이는 우리 국토가 남북으로 기니까 당연한 거겠지.

그리고 남북차는 여름보다 **겨울이 더 심해**. 봐! 여름 기온의 남북차는 10℃정도지만 겨울엔 22℃나 되잖아!

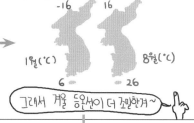

여름엔 전국이 북태평양 고기압의 영향으로 지역차가 크지 않거든.

그리고 해안보다는 **내륙이 연교차도 크고 연평균 기온도 낮아.**

또 겨울엔 **동해안이 황해안보다 따뜻**한데,

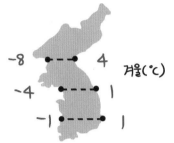

-8   4   겨울(℃)
-4   1
-1   1

그 이유는 차가운 북서 계절풍을 **태백산맥**이 막아주고

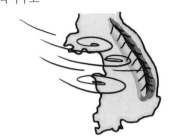

산맥을 넘으면서 **푄 현상**까지 발생하기 때문이야.

고온건조
북서 계절풍
황해   태백산맥

또한 바다가 육지보다 비열이 큰데, **동해의 수심이** 황해보다 깊어서 겨울에도 따뜻한 것도 원인이지.

여긴 이미 다 차가워졌는데···
황해

수량이 많아서 난류양도 많고, 아직 따뜻해
동해

이렇게 영동 지방에는 태백산맥과 동해의 영향이 많다보니, 등온선과 해안선이 평행하게 나타난단다.

-6
-4
-2
0

by 태백산맥, 그리고 동해!

정리하면 겨울의 기온은 **동해안> 황해안> 내륙**의 순!

서울 -3℃   홍천 -7℃   강릉 0℃

(1월평균)

92 우리나라의
강수의 특징

precipitation

우리나라 강수의 특징도 한마디로 정리하면 **계절차와 지역차, 연변화가 모두 크다**는 거야.

大
계절차
지역차
연도별차

무엇보다 전체 강수량은 연 1200mm정도로 비교적 습윤한 기후지만

세계 평균
880 mm

우리나라 평균
1,245 mm
(세계평균의 1.4배)

울릉도를 제외한 대부분의 지역에서 **강수의 60% 이상이 여름에 집중**되지.

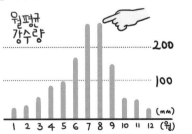

월평균 강수량
200
100
(mm)
1 2 3 4 5 6 7 8 9 10 11 12 (월)

이 현상은 내륙 지역일수록 심해지며 특히 한강 중·상류 지역의 하계 집중률이 매우 커.

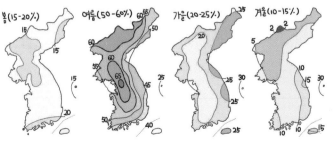

봄 (15-20%)   여름 (50-60%)   가을 (20-25%)   겨울 (10-15%)

여름엔 습윤한 계절풍의 유입, 장마, 태풍 등으로 이래저래 비올 일이 많거든.

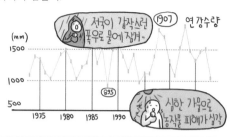

거기다 우리나라는 강수의 **연변화**도 커서 강수량을 예측하기 힘들어.

원래 기상 변화가 다양한 한대 전선대의 영향을 받는 곳인데다가, 전 지구적인 이상 기후 현상 때문이야.

그러니 **가뭄과 홍수**가 잦고 수자원의 효율적인 이용이 어렵단다.

그래서 우리나라는 예로부터 저수지나 보를 축조했고 현재는 곳곳에 댐이 건설된 거야.

하지만 우리가 벼농사를 주업으로 하는 것은? 여름의 다우 (多雨) 덕분!!

93

우리나라의 강수 분포1-
다우지와 소우지

rainy /dry region

우리나라는 강수 분포의 **지역차도 커서**

만성적인 다우지와 소우지가 존재해.

연평균 강수량 분포도

습윤한 계절풍이 지나는 길을 산지가 가로 막고 있어 **바람 받는 쪽으로 다우지**가, **반대쪽에 소우지**가 형성되는 것이 주요한 원인이야.

그래! 지형성 강수!

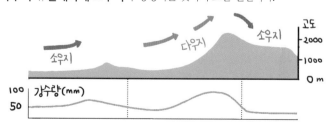

(mm)

1700 ~	1100 ~
1500 ~	900 ~
1300 ~	700 ~
	700 미만

그러니 다우지와 소우지의 분포는 산맥의 위치와 함께 공부하는 게 좋아.

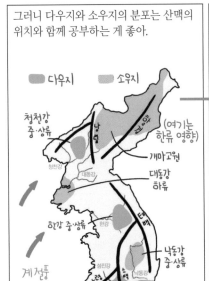

다음 지역은 모두 습윤한 공기가 산에 부딪혀 비를 뿌리는 곳이고

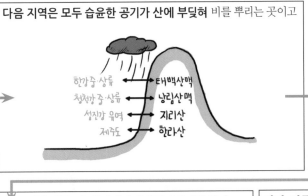

한강 중·상류 → 태백산맥
청천강 중·상류 → 낭림산맥
섬진강 유역 → 지리산
제주도 → 한라산

남해안 일대는 계절풍과 태풍의 영향으로 비가 많이 오는 곳이지.

태풍도 지나고 여름계절풍도 직빵!

그러니 제주도는 우리나라 최대의 다우지일 밖에.

남해 한복판에 섬자체가 산이니"

반면, 비를 뿌리고 난 반대쪽인 개마고원이나

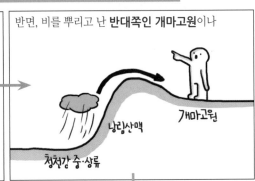

낭림산맥
개마고원
청천강 중·상류

분지 지형인 낙동강 중상류,

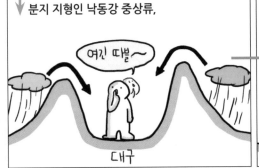

여긴 따별~

대구

그리고 산지가 없어 비구름이 지나쳐 버리는 대동강 하류는 소우지겠지?

여긴 pass! ~

대통령님아 상습적 소우지 지역 정리했습니다

뭐? 상습적으로 소가 우는데가 따로 있냐?

와~ 개산기... 보좌관 천재~

대 통 령

94

강수 분포2-
다설지

snowy region

강수의 하계 집중률이 크다는 것에 울릉도는 예외!

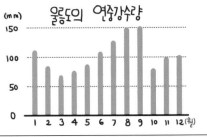

헥.. 울릉도땜에 살았네..

눈이 많이 오거든. 이번엔 다설지에 대해 알아볼까?

(mm) 울릉도의 연중강수량
150
100
50
0
1 2 3 4 5 6 7 8 9 10 11 12 (월)

다설지도 다우지처럼 **지형적 영향**이 커. 다음 지도에서 보듯, 산맥의 위치와 계절풍의 방향을 떠올리면 **바람받이 사면**이라는 걸 알 수 있지.

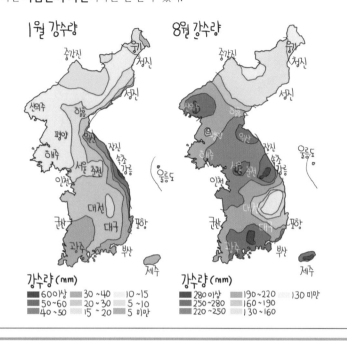

울릉도가 다설지인 이유도 동해 가운데의 섬이라서 **연중 바다의 영향**을 많이 받는 데다가

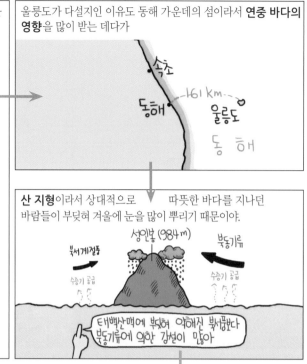

산 지형이라서 상대적으로 따뜻한 바다를 지나던 바람들이 부딪혀 겨울에 눈을 많이 뿌리기 때문이야.

시베리아 기단에서 떨어져 나온 이동성 고기압이 만주 지방에 위치할 때 우리나라에 **북동 기류**가 불어 오는데,

이때 동해를 지나면서 습기를 머금은 후 태백산맥에 부딪혀 **영동 지방**에 눈을 뿌려.

북서 계절풍이 바다를 지나고 부딪히는 **태백산맥과 소백 산맥의 바람받이 사면**도 눈이 많이 오지.

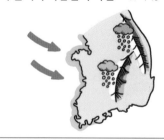

95 우리나라의 바람 특징

이제부터는 우리나라에 부는 바람의 특징을 정리해줄게.

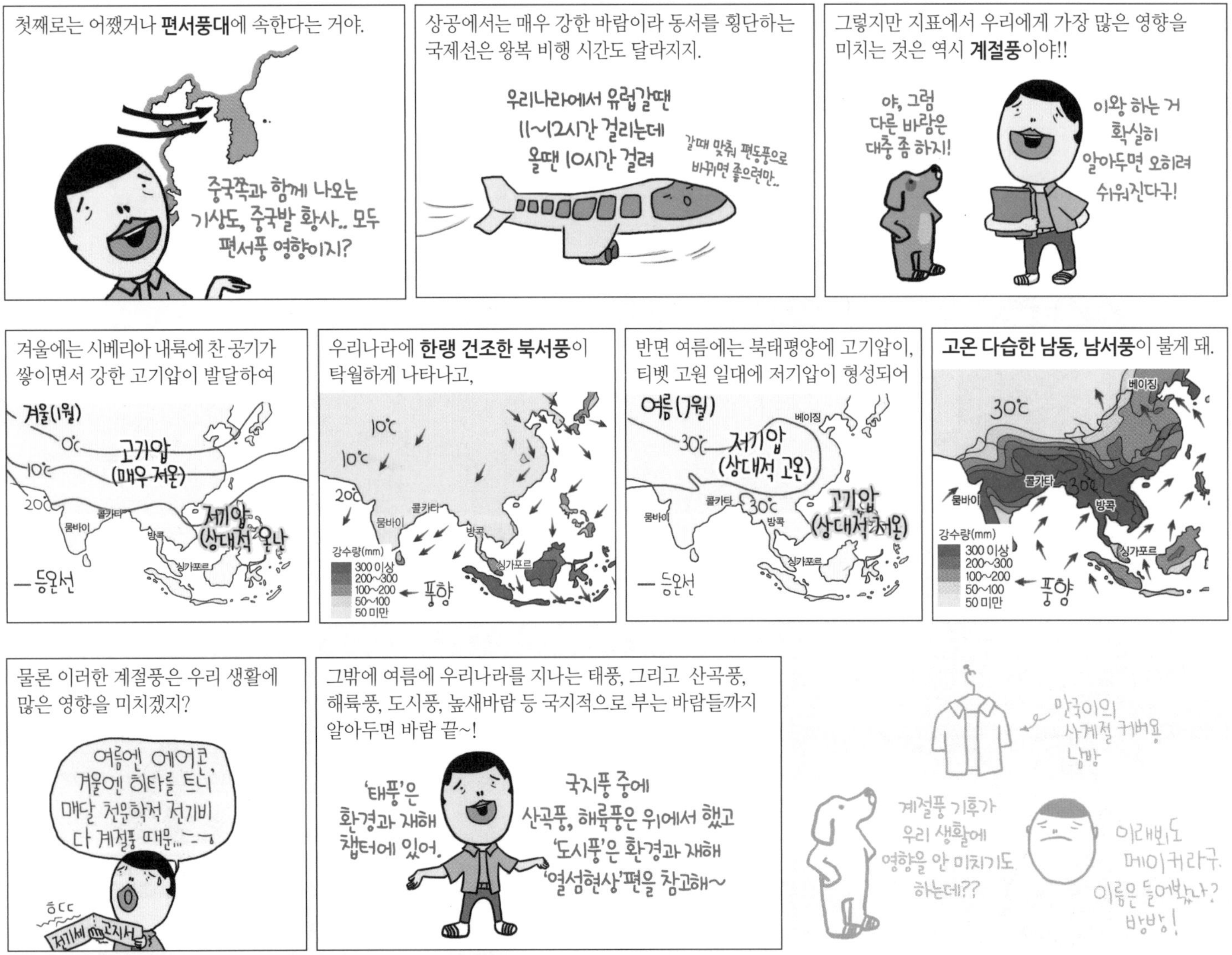
첫째로는 어쨌거나 **편서풍대**에 속한다는 거야.
중국쪽과 함께 나오는 기상도, 중국발 황사.. 모두 편서풍 영향이지?
상공에서는 매우 강한 바람이라 동서를 횡단하는 국제선은 왕복 비행 시간도 달라지지.
우리나라에서 유럽갈땐 11~12시간 걸리는데 올땐 10시간 걸려
갈때 맞춰 편동풍으로 바뀌면 좋으련만..
그렇지만 지표에서 우리에게 가장 많은 영향을 미치는 것은 역시 **계절풍**이야!!
야, 그럼 다른 바람은 대충 좀 하지!
이왕 하는 거 확실히 알아두면 오히려 쉬워진다구!
겨울에는 시베리아 내륙에 찬 공기가 쌓이면서 강한 고기압이 발달하여
겨울(1월)
0°C
고기압 (매우 저온)
10°C
20°C
콜카타
뭄바이
방콕
싱가포르
저기압 (상대적 온난)
— 등온선
우리나라에 **한랭 건조한 북서풍**이 탁월하게 나타나고,
10°C
10°C
20°C
콜카타
뭄바이
방콕
싱가포르
강수량(mm)
300 이상
200~300
100~200
50~100
50 미만
← 풍향
반면 여름에는 북태평양에 고기압이, 티벳 고원 일대에 저기압이 형성되어
여름(7월)
베이징
30°C
저기압 (상대적 고온)
콜카타
30°C
뭄바이
방콕
고기압 (상대적 저온)
싱가포르
— 등온선
고온 다습한 남동, 남서풍이 불게 돼.
베이징
30°C
콜카타
30°C
뭄바이
방콕
싱가포르
강수량(mm)
300 이상
200~300
100~200
50~100
50 미만
← 풍향
물론 이러한 계절풍은 우리 생활에 많은 영향을 미치겠지?
여름엔 에어콘, 겨울엔 히타를 트니 매달 천문학적 전기비 다 계절풍 때문...
ㅎㄷㄷ
전기세 고지서
그밖에 여름에 우리나라를 지나는 태풍, 그리고 산곡풍, 해륙풍, 도시풍, 높새바람 등 국지적으로 부는 바람들까지 알아두면 바람 끝~!
'태풍'은 환경과 재해 챕터에 있어.
국지풍 중에 산곡풍, 해륙풍은 위에서 했고 '도시풍'은 환경과 재해 '열섬현상'편을 참고해~
말국이의 사계절 커버용 남방
계절풍 기후가 우리 생활에 영향을 안 미치기도 하는데??
이래뵈도 메이커라구. 이름은 들어봤나? 방방!

96 푄 현상

föhn

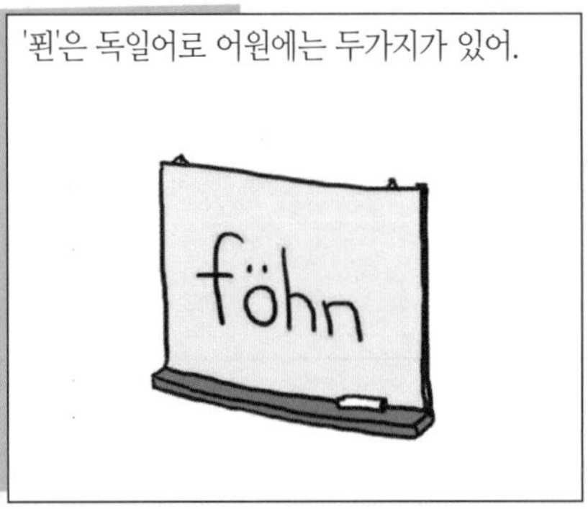
'푄'은 독일어로 어원에는 두가지가 있어.
föhn

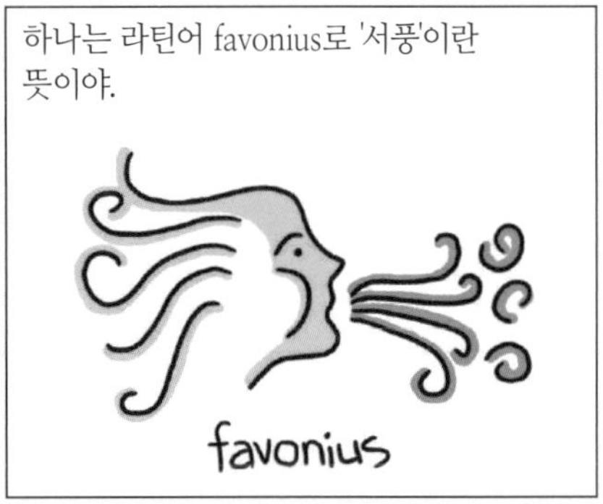
하나는 라틴어 favonius로 '서풍'이란 뜻이야.
favonius

로마 신화에서도 파보니우스는 서풍의 신으로 나오지.

또 다른 하나는 고트어의 fon으로 '불'이란 뜻이고.

어원 자체가 생소하긴 하지만 이 두가지 어원에 푄 현상의 모든 비밀이 숨겨져 있지.

일단은 왜 독일어냐고? 궁금하다고?

봄에 지중해에서 불어오는 바람이 알프스를 넘으면 독일 남부에서 고온 건조해져서 겨우내 쌓인 눈을 녹여.

이 남서풍이 너무 뜨거워 불과 서풍이란 의미로 푄(Fohn)이라 했는데

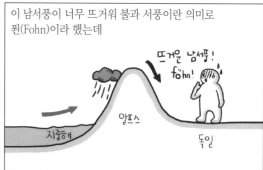

나중에는 이 현상이 세계 도처에서도 일어난다는 것을 알고는 일반 명사가 되었단다.

강수에서 계속 나오는 이야기인데, 습하던 바람이 산을 넘고 불어 내려올 때는 고온 건조해진다는 거 말야... 왜일까?

자, 바다로부터 불어오는 습한 바람은 산을 타고 올라가겠지.

그런데 공기는 상승하면 차가워지고 하강할 때 따뜻해지거든.

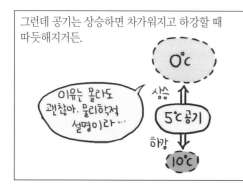

그러니 산을 타고 올라가는 공기의 온도는 내려가는데,

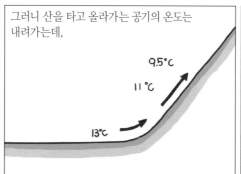

공기는 온도가 낮아지면 수증기를 품는 능력(포화 수증기량)도 떨어져.

그래서 수증기를 응결시켜 비구름을 만드는 거야.

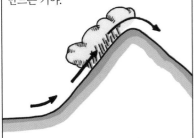

공기가 차가워지면 안개나 이슬, 서리가 생기는 것도 모두 같은 원리지.

참이슬이닷!

난 처음처럼 먹는데..

비를 뿌린 후 건조해진 공기가 산을 타고 다시 내려갈 때는 온도가 올라가는데 이 때는 내려간 만큼 올라가는 게 아니라 **더 높은 온도로** 올라간단다.

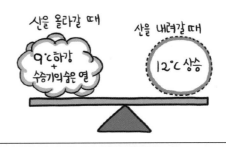

습윤한 공기가 올라갈 때는 수증기의 숨은 열이 방출되어 온도가 덜 내려가는 효과가 있지만

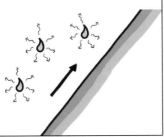

내려갈 때는 건조한 공기가 되어 그런 숨은 열이 없거든.

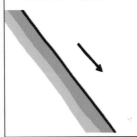

그러니 건조한 공기의 온도가 더 많이 변해야 공평하잖여.

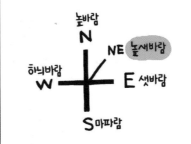

97 높새바람

높새바람은 원래 '북동풍'의 순 우리말이야.

그러나 지리에서 나오는 높새바람은 **푄 현상**에 의해 태백산맥을 넘어 영서 지방으로 부는 북동풍만을 말해.

우리나라는 늦봄~초여름에 오호츠크해 기단의 영향으로 북동풍이 불게 되는데,

동해를 지나면서 습해진 바람이 영동 지방에 비를 뿌린 후 **영서 지방에 불어내릴 때는 고온 건조**해지지. 바로 이 북동풍이 높새바람이야.

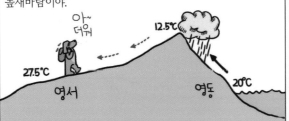

높새바람이 부는 시기가 파종기나 모내기 시기와 겹치면서 **가뭄의 피해**를 입는 경우가 많아.

영서지방 높새바람 출현빈도 (횟수)

3월	4월	5월	6월	7월	8월
3	15	22	28	5	2

모내기, 파종기

오죽하면 예전엔 '살곡풍' 이라고 했을까.

殺穀風

죽일 **살** 곡식 **곡** 바람 **풍**

영서지방에서 진압농법을 실시하는 것도 이 높새바람 때문이고!

영서뿐 아니라 경기지방까지 산불이 나기 쉬운 환경이 돼.

우리 조상들도 이 바람이 너무 건조해 이를 두려워 했단다.

경기 지방에서는 동풍에 의한 피해가 매우 커서 심할 때는 물고랑이 마르고 식물이 타 버린다. 피해가 적을 때도 벼잎과 이삭이 너무 빨리 마르기 때문에 벼 이삭이 싹트자마자 오그라들어 자라지 않는다.
(강희맹의 금양잡록)

물론 푄 현상에 높새 바람만 있는 건 아니야.

겨울에 북서 계절풍이 불 때나 봄에 편서풍이 강할 때면, 반대로 영동 지방에 고온 건조한 바람이 불거든.

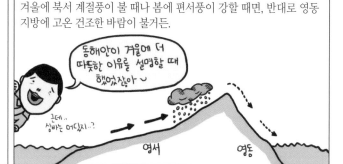

특히 이 푄 현상은 영동 지방의 산불 발생을 높이는 이유가 되지.

이밖에도 영동 지방은 바람이 워낙 강하게 불고 급경사의 지형적인 영향으로

영서 지방보다 실제 산불 발생 횟수가 많아 주의해야 돼.

이렇게 강원도는 태백산맥을 중심으로 양쪽에서 푄 현상을 겪게 되지.

그밖에도 산지가 있는 곳이라면 어디든 국지적으로 푄현상이 발생될 수 있고

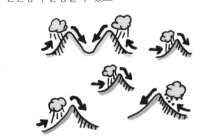

시험에는 가끔 높새바람이 아닌 푄현상이 나오기도 해.

따라서 높새바람이 우리나라의 대표적인 푄현상이라고
알아둬야지, 높새바람= 푄현상=북동풍 식으로 알아 두면
안되겠지

98 겨울

winter

이제부터는 우리나라의 기후 특징을 계절
별로 자세히 살펴보도록 하자.

우리나라는 사계절이 뚜렷하고 생활 전반에
있어 그 영향을 매우 많이 받고 있거든.

이는 우리나라 주변에 길항하는 4가지 기단 때문이야.
기단의 성질이 계절의 기후 특색을 만드는데,

앞에서도 말했지만 반드시 기단이 생성된 지역을
통해 그 성질을 연상하도록 해.

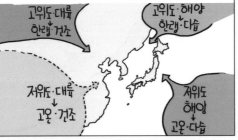

자연스러운 이해를 위해 겨울부터 시작해 보자.

겨울엔 무엇보다 **대륙의 차가운 공기가 축적된,
시베리아 기단**의 영향으로

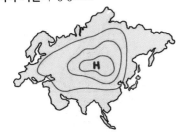

서고 동저의 기압배치를 보이고 **한랭 건조해.**

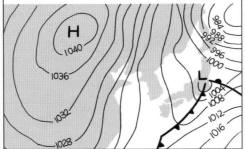

매우 조밀한 등압선을 통해 **강한 북서풍이**
분다는 것도 알 수 있겠지?

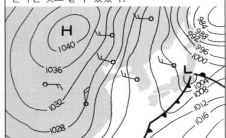

또한 시베리아 기단은 약 7일을 주기로 강약을 반복하는데, 며칠은 강한 북서풍과 한파를 보이며 다시 며칠은 다소 약해져 풍향이 다양해지고 온도도 상승해.

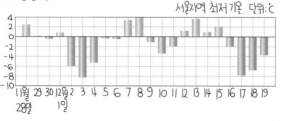

서울지역 최저 기온. 단위:°C

이는 기단 일부가 이동성 고기압으로 떨어져 나가고 저기압도 통과하는 게 원인!

이건 따뜻한 어느 겨울날의 일기도야 고기압이 흩어지고 저기압이 통과하는게 보이지?

이를 **삼한 사온 현상**이라고 하지.

三寒四溫
찰한 더울온

쓰리 콜드 포월!

그리고 우리의 생활 모습에서 **배산임수** 지형을 선호한 것이나

등진 산이 북서풍을 막아주고 땔감도 주니 굿~

솜옷, 김장, 온돌 등도 모두 시베리아 기단의 추위를 극복하고자 한 것이란다. 다들 알지?

올 겨울시즌 뉴 트렌드~

김치 없으면 겨울엔 뭘먹나

엉덩이탄다. 따따웃해~

스케이트 타다 너무많이 넘어져서 흑 ...나도 바지 입을까봐.

99 봄

자, 이제 시베리아 기단이 점점 약해지면서 기온이 올라가는 봄으로 가볼까?

허별 꽃을 다봤네 오래 살고 뽈일이야

spring

그런데 이른 봄까지는 이따금씩 **시베리아 기단이 일시적으로 확장하면서 맹추위**를 보이는데,

O~ 3월맞어? ㄹㄹ

완전 한겨울

덜덜

이를 **꽃샘 추위**라고 해.

내가 피는 걸 시샘해서 꽃샘추위래. 이쁜 건 알아가지구

윽!

그런데 주의! 이건 봄의 현상이지만 시베리아 기단 때문이라고.

이대로 사라질수 없다! 마지막 힘을 모아 ~~!!

초봄에 싹을 보호하기 위해 밭이랑을 동서 방향으로 파는 것도 같은 이유에서지.

189

봄은 이동성 고기압과 저기압이 반복적으로 통과하여 날씨가 변덕스럽긴 하나,

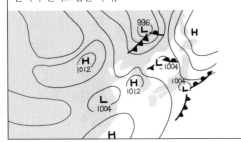

온난 건조한 양쯔강 기단의 영향을 받아 기본적으로 **건조**해.

온난건조
↑
from
저위도
대륙 (양쯔강)

그런데 양쯔강 기단을 독립된 기단으로 보지 않는 견해도 있으니 참고로 알아두렴.

양쯔 강 일대는 장기간 공기가 머문 기 힘들어 기단이 형성될 수 없다. 저건 다른 기단이 변형된 것이며, 기단이라기 보다 이동성 고기압일 뿐이다.

어쨌거나 봄철은 건조한 겨울을 지나 더욱 건조하여 **산불**이 일어나기 쉽고

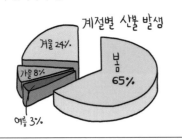

계절별 산불 발생
겨울 24%
봄 65%
가을 8%
여름 3%

가뭄으로 인해 농작물의 피해를 입을 수도 있어.

심은지 얼마나 됐다고…

경기, 영서 지방을 고온 건조하게 만드는 **높새 바람**은

고온
건조

늦봄~초여름에 **오호츠크 해 기단**이 발달하면서 분다는 것도 알아두자.

러시아
오호츠크 해
(고위도 .해양)

특히 파종기에는 가뭄이 심하면 피해가 크기 때문에

심기만하면 뭐하나 난 촉촉해야 싹을 피울수있는데…

예로부터 관서나 영서 지방에서는 **진압 농법***을 실시했어.

꾹욱~
지표수분은 못나가게 :
씨앗
땅속 수분은 끌어올리고

🌀 **진압 농법*** 鎭 (누를 진) 진통제 / 壓 (누를 압) 압력, 압박 / 農法 (**농법**)

명명백백 more

꾹욱 꾹욱~

'누르고 누르는 농법'? 땅을 꾹꾹 눌러주어 압력을 가하는 농법이야. 그냥 쉽게 '반란군 진압하다'라고 할 때의 그 '진압'이지. 씨를 뿌리는 파종기에는 날씨가 건조하면 싹이 잘 트지 않거든. 이때, 씨앗을 깊숙이 심고 흙으로 덮은 뒤 발로 꾹꾹 밟으면 도움이 돼. 겨우내 서릿발 때문에 틈이 많아진 흙을 밟아서 다져주니까 틈사이로 수분이 증발하지 않거든. 거기다 토양 밀도가 높아져 모세관 현상이 나타나 수분을 끌어올리는 효과까지 있지. 봄철 건조한 관서 지방과 고온 건조한 높새바람이 부는 영서 지방에서 주로 실시해.

심봐, 여기좀 밟아봐 더 잘 자라나

자, 계속 고고~ 아까 늦봄쯤 되면 서북부 해양에 오호츠크 해 기단이 커진다고 했지?

한편, 여름에는 점점 **북태평양 기단이 확장**하는데

상대적으로 찬 오호츠크 해 기단과 만나 **장마 전선**을 형성해.

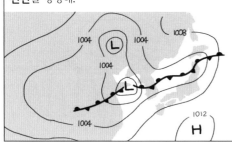

습도가 높으니 불쾌 지수도 높고

연중 **일교차가 가장 작지.**

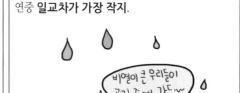

장마가 길거나 태풍이 통과하면 **홍수의 피해**를 입는 것도 물론 이 계절이야.

이를 대비하기 위해 터돋움집을 짓기도 했던 거고.

그러다 북태평양 기단의 세력이 더욱 확장되면서 장마 전선은 물러가고

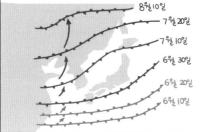

남고북저형 기압 배치를 보이며 본격적인 **무더위**가 시작돼.

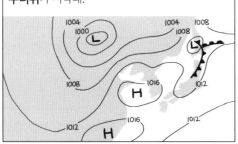

밤에도 25℃가 넘는 **열대야(熱帶夜)**가 나타나 잠을 이루기 힘들기도 하고.

하지만 **벼**는 덥고 습한 이 날씨를 좋아하지.

그밖에 **대청마루, 모시옷, 염장**식품 등은 여름의 대표적인 생활 모습이지.

참, 보통은 맑고 무덥지만 강한 일사에 의한 대류성 강수(**소나기**)가 발생하기도 한단다.

101

계절4-

가을

fall

한창 기승을 부리던 북태평양 기단의 세력이 약해지면 가을이 시작되는데,

만주 지역으로 밀려났던 장마전선이 이 틈을 타 남하하면서 **초가을 장마**가 오기도 해.

이제 날씨도 제법 서늘해지고

대륙 내부에 찬 공기가 쌓여 시베리아 기단이 발달하기 시작 하지만 그 세력이 약하며

여기에서 분리된 **이동성 고기압**이 우리나라를 자주 통과하게 되지.

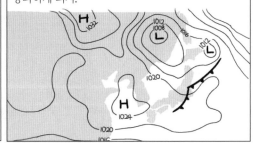

이런 조건으로 가을철에는 **맑은 날씨**가 계속되어 일조량이 풍부한데,

이는 농작물의 **결실과 추수에 유리**하단다.

늦가을이 되면 시베리아 기단의 남하로 점차 기온이 낮아지면서

영향을 주는 기단	시베리아 기단		양쯔강 기단		오호츠크해 기단		북태평양 기단		오호츠크해 기단	양쯔강 기단		시베리아 기단
월	1	2	3	4	5	6	7	8	9	10	11	12
계절	겨울		봄			여름			가을			겨울
기상현상	폭설			황사			장마	태풍				폭설
기온	한파		온난			더위		무더위			온난	한파
습도		건조				습윤, 호우				건조		

심바의 보너스* - 기후 관련 속담 모음

아침부터 참새가 크게 울면 그날 날씨는? 정답은 아주 맑음이야. 청개구리가 요란스럽게 우는 날은? 녀석들이 저기압과 습기로 인해 울기 때문에 비올 확률이 크지. 우리나라 속담을 보면 이렇게 날씨나 기후에 관한 얘기가 많아. 속담에 녹아 있는 기후상식 - 한번 살펴볼까?

봄

봄에는 유난히 봄비에 관련된 속담이 많아. 봄철 가뭄과 건조한 기후 때문에 농사와 곡식을 걱정하다 만들어진 속담들이지.

곡우에 비가 안 오면 논이 석자가 갈라진다 봄비는 쌀비다 는 씨앗을 파종하는 봄에는 비가 반가운 존재임을 표현한 거야. 이때 비가 제대로 오지 않으면 씨앗에 싹이 트지 않아 농사짓기에 어려움이 크겠지. 봄비가 많이 오면 아낙네 손이 커진다 는 속담은 봄비가 많이 와서 밭작물이 잘 자라주게 되면 풍년이 들고, 그럼 아낙네들의 씀씀이도 커진다는 뜻이야. 한편 추위에 관한 속담도 적지 않은데, 봄추위와 장독깬다 꽃샘추위에 설늙은이 얼어죽는다 2월 바람에 검은 소 뿔이 오그라든다 는 시베리아 기단의 마지막 공격(!)인 꽃샘추위의 매서움이나 간혹 닥치는 북서쪽의 찬 기류의 맹렬함을 잘 보여주는 속담이야. 늦봄과 초여름 사이에는 높새바람이 불면 잔디 끝이 마른다 는 속담이 있는데, 눈치챘지? 푄 현상을 유발하는 북동풍이 산을 넘어서 영서 지방과 경기도로 불어오면서 얼마나 뜨겁고 건조해지는지 가뭄에 강한 잔디도 끝이 마른다는 뜻이야.

여름

여름엔 장마와 태풍, 소나기에 대한 속담이 많이 전해지는데, 가뭄 끝은 있어도 장마끝은 없다 는 가뭄은 심해도 농사 피해에 그치지만 장마나 홍수는 그만큼 막대한 피해를 입히기 때문에 만들어진 속담이야. 3년 가뭄에는 살아도 석달 장마에는 못산다 도 같은 맥락이고. 여름비는 소잔등을 가른다 라는 속담은 여름에 자주 발생하는 대류성 강수인 소나기가 소의 잔등에도 내리는 부분과 내리지 않는 부분이 있을 정도라는 소나기의 국지성을 잘 보여주는 속담이고, 유두날 비가 오면 연사흘 온다 는 유두날(음력 7월 19일 경)을 알면 쉽게 추측할 수 있는 말이야. 즉 오호츠크해 기단과 북태평 양 기단 사이에 장마전선이 형성되면 이 기간에는 며칠 동안 많은 비가 지겹도록 온다는 거지.

가을 가을은 곡식이 무르익는 결실의 계절인 만큼 비가 내리지 않아야 맑은 하늘, 햇볕 아래 오곡이 성장했겠지. **처서에 비가 오면 십리 안 곡식 천석을 감한다** 와 같이 처서(8월 22일 경)와 같이 벼꽃이 한창 필 때 비가 오면 수정도 안되거니와 쭉정이 벼가 많아져 흉년은 불 보듯 뻔할 것이고. **가을 안개에는 곡식이 늘고, 봄 안개에는 곡식이 준다** 는 속담도 있지. 일반적으로 가을에 안개가 끼면 날씨가 따뜻하여 곡식이 잘 여물어 수확량이 늘게 되고, 봄 안개에는 심한 기온차로 자라는 보리에 병을 발생시켜 수확량이 감소된다는 뜻이야.

겨울 우리 조상들은 겨울에 내리는 눈을 좋아했을까? 싫어했을까? 이래저래 불편해서 싫어했을 것 같지만, 겨울에 내리는 눈은 아주 환영을 받았어. **겨울에 눈이 많이 오면 보리 풍년이 든다** 는 말은 겨울에는 눈이 많이 와서 보리를 푹 덮어주면 그 자체로 보온이 되어 보리가 얼어 죽거나 고사되는 일이 없어져 풍년이 된다는 뜻. **눈 많이 오는 해는 풍년이 들고, 비 많이 오는 해는 흉년이 든다. 손님은 갈 수록 좋고 눈은 올수록 좋다.** 는 같은 맥락에서 나온 속담들이지. 봄철 건조한 기후 특성상 잔설(땅에스며있는 눈)은 굉장히 든든한 수자원이었겠지?

102 농작물의 북한계선과 무상일수

northern limit line & frost free period

기후 구분에서도 언급했듯이 식물은 종에 따라 추위를 버틸 수 있는 한계 온도가 달라.

그래서 기온은 농작물의 생육 여부를 결정 짓는 가장 직접적인 요소야.

예를 들어 대나무는 영하 3℃이하로 내려가면 죽기 때문에, 최한월 평균 기온이 영하 3℃ 이상인 곳에서만 재배가 가능해.

최한월 평균 기온 -3℃ = 대나무의 북한계선

기온이야 북으로 갈수록 낮아지니, **최한월 평균 기온이 농작물의 北한계선을 결정**하겠지.

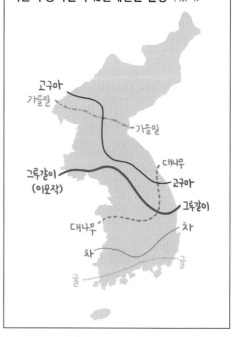

이와 함께 알아두어야 하는 게 **서리가 없는 날의 수**, 즉, **무상일수**야.

無霜日數
없을 **무** 서리 **상** 날 **일** 수 **수**

특정 기간의 날짜라 '**무상기일**' 이라고도 해.

期 日
기간, 기약할 **기** 날 **일**

무상일수 역시 북으로 갈수록 줄어들며 다음과 같은 분포를 보이는데,

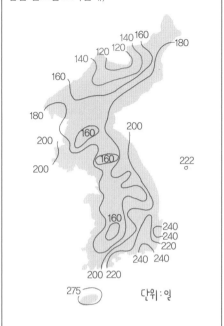

단위:일

서리는 대기중의 수증기가 지상에 있는 물체의 표면에 얼어 붙은 것이기 때문에

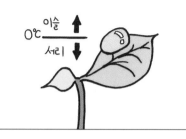

0°C 이슬 / 서리

죽지는 않더라도 곧 식물이 얼어서 생장을 할 수 없게 된다는 뜻이기도 하지.

결국 일년 중 어떤 식물의 생육기간이 최소한 무상일수 보다는 작아야 그걸 재배할 수 있는 거야.

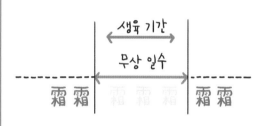

생육 기간
무상 일수
霜霜 霜霜霜 霜霜

예를 들어 벼가 완전히 자라는데 걸리는 시간은 150일이므로

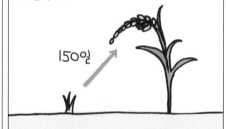

150일

무상일수가 150일 이상이 되는 곳에서, 그 기간 내에 지어야 한다는 걸 알 수 있어.

150일

대충 개마고원 이남 정도되지?

이렇게 최한월 평균기온과 무상일수는 언제 어디서 어떤 작물을 지을 수 있는 지를 알려 주는, 농사에 중요한 지표가 된단다.

어디서? 북한계선 아래에서

어떤 작물을? 생육기간이 경작지의 무상일수 내에 있는것

언제~언제? 무상일수 내에서

특히 북부 지방에선 무상일수나 북한계선을 고려하지 않으면 다 얼어 죽는다고!

그런 계산은 안하고 일은 열심히 하는 놈들이 꼭 있드래요.

전문용어로 삽질이라 하드래요

기후는 주민 생활에 큰 영향을 미치기 때문에 기후 특색이 유사한 지역을 묶어 보는 것은 매우 유용한 일이라고 했지? 물론 그건 한국 내에서도 마찬가지야.

남부 내륙은 소우지니 가뭄대비, 남부 동, 서안은 다설지니 폭설대비하시오!

흥, 나중 짱인듯

원래 하던건데 왜저러니..

기후공부 한다더니 업된듯..

대통령

물론 쾨펜이 우리나라를 냉대 기후와 온대 기후 지역으로 나눠놓긴 했지.

하지만 너무 간략하게 기후를 구분해 실용성이 떨어지고

솔직히 말해서 우리나라의 식생 분포와도 일치하지 않아.

그래서 식생의 분포를 비교적 정확히 반영하는 **온량 지수**라는 것으로 기후를 구분하기도 해. 온량 지수는 **따뜻함의 정도를 가리키는 수치**라는 뜻이야.

溫 量 指 數
따뜻할 온 헤아릴 량 가리킬 지 수수
온도 분량 지표
온난 양

영어로는 warmth index!

Warmth
warm의 명사형
index
지수

이는 식물이 잘 자라기 위해서는 어느 정도 이상의 따뜻한 온도(5℃)가 일정 기간 유지되어야 한다는 생각에서 고안된거야.

일단 식물이 자라기 힘든 월평균 5℃ 이하인 달은 빼고,

5℃ 이상인 달의 월평균 기온과 5℃와의 차이를 합한 값이 온량지수야. 직접 구해보면 엄청 쉬워~

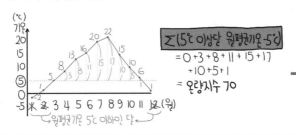

이에 따르면 쾨펜의 온대 기후는 남해안형과 남부형으로, 냉대 기후는 중부형, 북부형, 개마고원형으로 구분되지.

특히 온량 지수에 따른 기후 구분은 식생의 수평적 분포 및 토양 분포와 일치해.

이는 기후와 식생 및 토양이 유기적 관계를 맺고 있음을 잘 보여주지.

그래서 기후편에서 식생과 토양을 함께 배우는 거야

그런데 이렇게 온량지수를 통해 기온을 구분한 것도 기온의 남북차만을 반영하는 한계가 있어.

그래서 지리적으로 동서 차이도 고려하여 기후 지역을 더 세분화할 수 있는데,

설명할 게 많으니 다음 장으로 고고~

104 각 지역의 기후 특징

기후구분은 기본적으로 기온에 따라 북부, 중부, 남부로 나뉘지만 동서차도 존재하기 때문에,

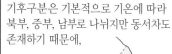

해안과의 거리, 지형, 해류, 바람 등 동서차의 인자들을 고려하여 동안/내륙/서안으로 세분화할 수 있어.

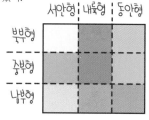

그리고 북단의 개마고원형과 남단의 남해안형, 울릉도형과 대구 특수형을 추가하여 최종적으로 13개 정도로 기후를 구분해 볼 수 있어.

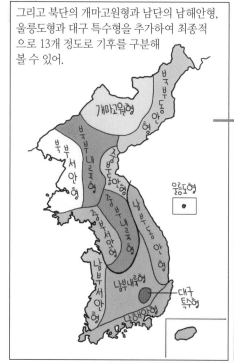

특히 중요한 인자인 산맥을 중첩해 봐두면 좋아. 바다와의 거리도 물론 고려해야 하고.

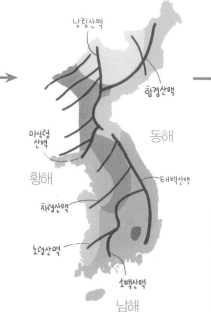

얼핏 외울게 많아 보이지만 그동안 배운 기후 내용에 위치나 지형 등을 반영해 보면 자연스러운 결과일 뿐.

정리하자면 **남부 〉 중부 〉 북부일수록 고위도로 가니까 당연히 춥고,**

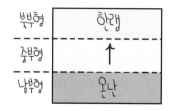

동안 < 서안 < 내륙 순으로 대륙성 기후의 특징이 뚜렷이 나타나지.

동서의 기후차가 나타나는 인자는 주로 **산맥과 동해** 때문이라는 것은 중요!

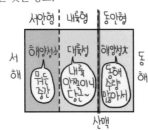

이렇게까지 자세히 해야하냐고 물을지도 모르지만 이걸 읽고 이해가 되면 기후파트의 어떤 응용 문제도 쉽게 풀 수 있게 된다고!

105

지리적 특징에 의한 기후 구분1 –

북부

▶ **개마고원형** : 개마고원은 그야 말로 **추운** 곳! 특히 겨울 기온이 한반도에서 제일 낮지.

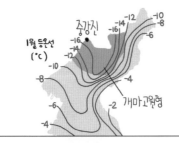

이곳이 **대륙과 바로 맞닿아** 있는데, 겨울에 비열이 작은 대륙이 차게 식으면서 기온이 매우 떨어지기 때문이야.

으악! 겨울에 평균 영하 18℃까지!

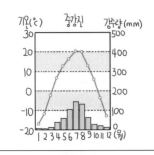

그만큼 **연교차도 크고 대륙도도 매우 큰 곳**이란다.

이렇게 춥다 보니까 서리가 많이 내려 벼농사는 어렵고

감자나 귀리를 1년에 한번 재배해.

게다가 개마고원은 낭림 및 함경산맥 으로 둘러싸인 바람받이 반대 사면에 해당하기 때문에

우리나라에서 강수량이 가장 적은 **최소우지**기도 해.

이렇게 극한지이면서 최소우지를 나타내는 개마 고원은 북부에서도 따로 기후를 구분하고 있어.

▶ **북부형**은 모두 기본적으로 **위도가 높고 대륙의 영향을 많이 받아서 겨울 기온이 낮은 편**이야.

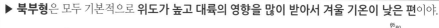

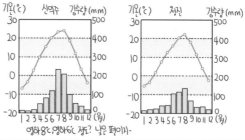

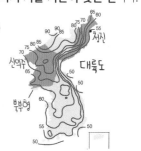

▶ **북부 내륙형**은 특히 육지의 영향을 많이 받으니 **대륙성 기후**가 두드러지겠지.

또 **청천강 중,상류**에는 높은 낭림산맥 때문에 **지형성 강수**가 내려. 다 앞에서 한 얘기~

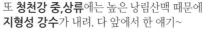
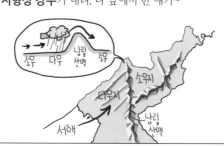

▶ **북부 동안형**은 북부서안형보다 **겨울에 더 따뜻해.**

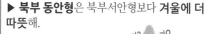
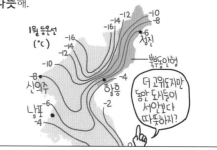

낭림산맥이 차가운 북서 계절풍을 막아주고 수심이 깊은 **동해**의 영향 때문이지.

그러나 여름에는 **북한 한류**가 흘러 안개가 빈번하게 발생하는데,

이 안개가 일조를 차단하고 한류 자체에 의한 저온 현상으로 농작물이 **냉해**의 피해를 입기도 해.

▶ **북부 서안형**은 지형성 강수가 내리기 어려워 **소우지**야.

비가 적게 내리는 만큼 **일조시수***가 길기 때문에

사과와 같은 **과일**을 재배하거나 **천일 제염***을 하기에 유리하지.

199

하지만 봄철에 건조해서 농업에 지장을 줘. 이곳 사람들은 **진압 농법**으로 극복했지.

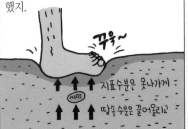

지표수분은 못나가게

땅속수분은 끌어올리고

명명백백 more

일조시수* 日(태양**일**)/照(비출**조**)조명/時(시간**시**)/數(수**수**):sunshine duration

일!조!시!수! **태양이 비추는 시간**의 수로군~ **일조시수가 크려면 구름이 적어야** 하는데, 이는 소우지의 형성 조건과 같아서 소우지의 일조시수가 높은 경향이 있어.

명명백백 more

천일 제염* 天(하늘**천**)/日(태양**일**)/製(만들**제**)/鹽(소금**염**):solar evaporation

제염. 소금을 만드는데, 천일. 하늘의 태양만을 이용하는 거야. 태양이 바닷물을 증발시켜 소금을 얻는 것이지. **일조시수(日照時數, 태양이 비치는 시간)**가 크고 건조한 소우지에서 발달할 수 밖에~. 거기다 황해는 갯벌이 많아서 염전을 만들기에 제격이지. 그래서 광량만이 최대 염전인 거란다.

106 우리나라의 기후 구분2– 중부

▶ **중부형**은 전체적으로 북부형과 남부형의 중간에 위치해서 **점이적인 기후**가 나타나.

▶ **중부 내륙형**은 지형성 강수가 많이 내리는 **다우지**에 속하는데,

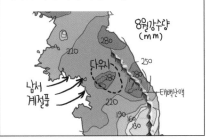

비의 양도 많지만 특히 **여름철 강수 집중률**이 가장 큰 곳이기도 해.

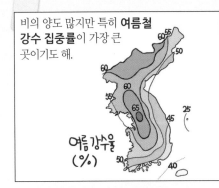

반면에 늦봄에는 북동쪽에서 불어오는 **높새바람** 때문에 고온 건조해져.

산불이 나기 쉽다거나 파종기에 진압 농법을 실시하는 것 등은 더 설명 안해도 되겠지?

▶ **중부 서안형**은 특히 황해안이 일조시수가 높아 **천일 제염**이 발달했다는 것 정도만 기억해 두면 돼.

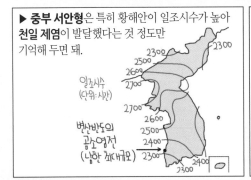

▶ **중부 동안형**과 남부 동안형은 태백 산맥이 북서풍을 막아주는 데다 **동해**가 있어서

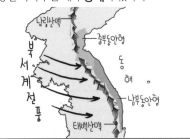

서안형보다 **겨울 기온이 높아**.

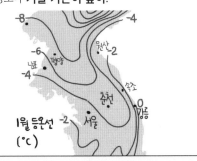

중부의 동서 기온차는 중요! 같은 위도의 겨울 기온은 **동안 > 서안 > 내륙**의 순이야.

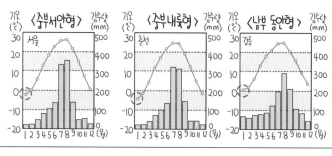

또 북동 기류가 불 때 동해를 지난 습기가 태백산맥에 부딪혀 많은 눈을 뿌리면서 **다설지**로도 유명하지.

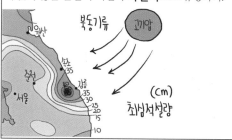

107 우리나라의 기후 구분3 –
남부

▶ **남부형**은 **온대 기후**가 나타나는 지역으로 겨울도 따뜻해.

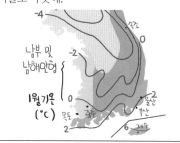

평야가 많은 서안형을 중심으로 대부분 그루갈이가 가능하고 **농업 생산력이 높지.**

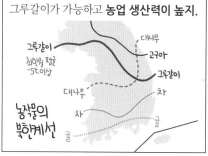

그루갈이가 뭐냐고? 여름철에 벼를 재배한 후 겨울과 봄을 이용하여 다른 작물을 재배하는 거야.

▶ **남부 내륙형** : 영남 내륙 지역은 산맥으로 둘러싸여 푄 현상 때문에 **소우지**야.

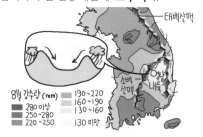

▶ **남부 동안형** :영동 지방은 북동 기류가 태백 산맥에 부딪혀 **다설지**.
그 서쪽 사면도 북서풍이 부딪혀 다설지고.

▶ **남부 서안형** : 반면 북서풍이 소백산맥에 부딪히는 서사면이 **다설지**라는 것도 기억나지?

이 적설량 그래프로 대표적 다설 도시를 정리해 보렴.

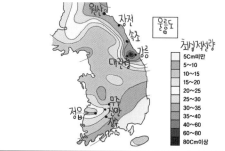

▶ **남해안형** : 남해안은 연평균 기온이 높고 겨울에도 영하로 잘 떨어지지 않아.

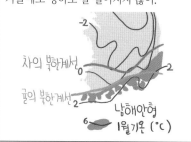

그런만큼 **난대성 작물**을 재배하여 수익을 꾀할 수 있어.

날씨가 따뜻해서 늦가을까지도 난대성 작물이 잘 자라

해안형이니까 비열이 큰 **바다의 영향**을 많이 받아서 연교차도 작고

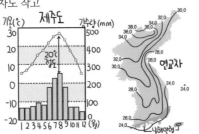

제주도

지리산을 비롯한 소백, 노령산맥 사면에 지형성 강수가 많이 내려 **최다우지**로 꼽히지.

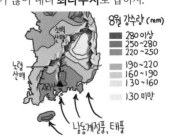

8월 강수량 (mm)
- 280 이상
- 250~280
- 220~250
- 190~220
- 160~190
- 130~160
- 130 미만

남동계절풍, 태풍

108

우리나라의 기후 구분4-
특수기후

울릉도는 동해 한 가운데 있는 섬이라 **바다의 영향**을 많이 받아. 이 때문에 바람이 많이 불고

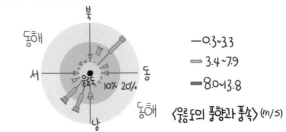

- —0.3~3.3
- —3.4~7.9
- —8.0~13.8

〈울릉도의 풍향과 풍속〉(m/s)

연교차는 작으며 강수량은 연중 고르지.

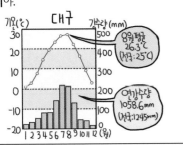

울릉도

연교차 작고

연중 고른 강수

특히 겨울철에는 눈이 많이 내려서 대표적인 **다설지**라는 것은 이제 알지?

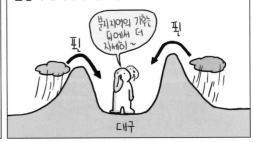

성인봉(984m)

북서계절풍   북동기류

수증기 공급   수증기 공급

동해   동해

▶ **대구 특수형** : 대구는 분지 지역으로 양쪽에서 **푄 현상**이 일어나기 때문에

분지지역의 기후는 뒤에서 더 자세히~

푄   푄

대구

비가 적게 내리는 **소우지**이자 여름이 매우 더운 **극서지**야.

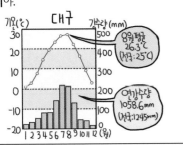

대구

8월평균 26.3℃ (전국 : 25℃)

연강수량 1058.6mm (전국 :1245mm)

이러한 기후에서는 **일조시수**가 높아 당도 높은 **과일**을 재배하기에 유리하지.

예부터 대구사과가 유명했는데 요즘에 경북지역에서 제일 많이 재배해

자, 드디어 기후 지역을 모두 살펴 보았어. 이렇게 지역마다 기후 특색이 다르니 생활 모습도 다양해지겠지?

인문지리의 '각지역의 생활' 챕터를 함께 보두도록 해~

기후를 극복할 기술이 없던 옛날에는 이에 적응하기 위한 특유의 가옥 구조를 만들었어.

에어콘 좀 사라고

특히 기온의 남북차가 커서

고위도로 갈수록 추위지는건 기본이자나

남으로 갈수록 개방적인 **홑집 구조**를, 북이나 산간 지방으로 갈수록 폐쇄적인 **겹집 구조**를 보이고 있지.

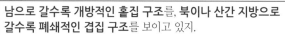

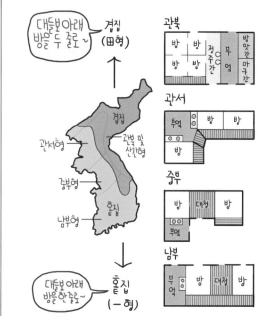

대들보 아래 방을 두 줄로~ 겹집 (田형)

홑집 (一형) 대들보 아래 방을 한 줄로~

특히 **관북 지방**에는 추운 겨울을 대비한 구조가 잘 마련되어 있는데, 그 예가 **정주간**이야.

우리 마누라가 정주간 없으면 밥 안한다면서 마을러 했어

정주는 한자의 의미로도 '**부엌**'이란 뜻이지만 사실 부엌의 사투리야.

鼎(솥 정) 廚(부엌 주)

부엌 / 정지 / 정재

그러니 정주간은 (방과) **부엌 사이** 공간이 되겠지.

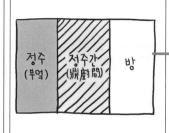

정주 (부엌) / 정주간 (鼎廚間) / 방

추운 관북 지방에서는 방과 부엌의 벽을 허물어 연결된 부뚜막을 통해 쉽게 이동하며 아궁이의 열을 난방으로 이용했어.

방과 연결된 거실겸 주방 (정주간) / 온돌 / 흙바닥

가능하면 모든 작업을 실내에서 하려다 보니까 일종의 다용도 공간이 필요하기도 했고.

마당에서 잔치 준비해다가는 우리랑 음식이랑 다 얼어

고조 명숙네는 정주간 있어 좋갔수

정주간 없음 방안하겠다 해뿌려

이렇게 **실내 이동도 가능하고 난방의 효율도 높아지기 때문에** 추운 곳에서는 겹집 구조가 발달하는 거야.

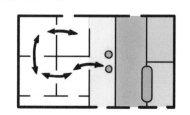

관서 지방에서도 부엌이 가옥 중앙에 있고 부엌과 방 사이에 문을 만들어 실내 이동이 가능하도록 했지.

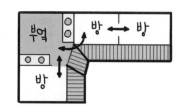

부엌 / 방 ↔ 방 / 방

반면 **남쪽**은 여름이 길고 무더워 집을 일자형으로 **개방**하고 **대청마루**를 두어 통풍이 잘 되게 했어.

참고로 대청은 한자로 **큰 마루**라는 뜻이란다.

그리고 **중부 지방**은 ㄱ자, ㄷ자, ㅁ자 등 다양한 **점이적 가옥 구조**를 보이고 있어. 북부와 남부의 중간이잖아~

110
특수 가옥 구조

우선 제주도에는 겨울에도 온난하여 **온돌이 없거나 단순**해. 보통 아궁이를 방에서 멀리 떨어뜨려 열이 안 가도록 하지.

(제주도형)

또한 제주도만의 특이한 가옥 구조로 **고팡**이란 게 있는데,

방 옆에 흙으로 지은 저장고를 두어

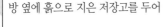
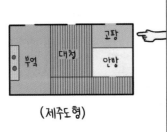

(제주도형)

시원하고 안전하게 **음식물을 보관**토록 했어.

또 제주도의 초가집은 지붕이 볏짚이 아니라 억새풀이야.

바람이 강해 **그물로 지붕**을 엮었고

주변에 흔한 **현무암**으로 돌담을 둘러 바람을 막았지.

한편 울릉도는? 눈이 많이 오지? 그런데 이 눈이 무서운 게 때론 집을 무너뜨리거나 집 밖에 못나가게 하기도 한다고.

그래서 울릉도에서는 **각진 지붕을 만들고 높은 울타리로 주변을 둘러쌌어.**

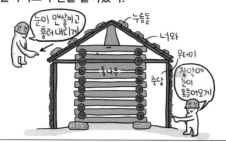

그래야 눈이 와서 나가지 못하더라도 최소한의 생활 공간은 확보할 수 있잖아.

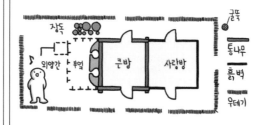

이 울릉도 특유의 방설 울타리를 **우데기**라 해.

한편 집 자체는 울릉도가 숲이 울창하기 때문에 **통나무**를 주로 사용했어.

이렇게 제주도와 울릉도는 주변의 재료를 활용하며 기후 조건을 극복하기 위한 특유의 가옥 구조를... 퍽!

심바의 보너스* - 특징적 가옥 구조 사진으로 보기

사실 지금은 누구나 건축기술의 발달로 기후제약을 극복한 현대주택에 살고 있잖아? 아쉽지만 이제 전통적 가옥구조는 민속촌에서나 볼 수 있다구

정주간(관북)

대청마루(남부, 중부)

ㄷ자형가옥(중부)

고팡(제주)

그물지붕과 현무암 돌담(제주)

우데기 내부(울릉도)

우데기 전경(울릉도)

명명백백 Special 12) 나무의 종류

자 이제부터 나무에 대해 공부하게 될텐데, 그전에 간단히 나무의 분류를 명명백백식으로 짚어보자.
이름 속에 나무의 모든 특징이 들어있거든. 명명백백 名名百百!

동물은 기후가 맞지 않으면 이주할 수 있지만, 식물은 불가능하기 때문에 각자 자신에게 적합한 기후 환경에서 자라는 특징이 있어. 그래서
식물만 봐도 그 지역의 기후 특징을 추측할 수 있지. 우리가 주변에서 쉽게 볼 수 있는 나무가 기후에 따라 어떻게 분포하는지 알아보자.

냉대림** 冷 (차가울 냉) / 帶 (띠 대) / 林 (숲 림) sub-polar forest

▶ **상록 침엽수** 常 (항상 **상**) / 綠 (푸를 **록)** / 針 (바늘 **침**) / 葉 (잎 **엽**) / 樹 (나무 **수**) : evergreen needleleaf tree

냉대 기후 지역에서 볼 수 있는 숲이겠지? ^^ 우리 나라에서는 **개마고원 일대와 지리산, 설악산 같은 고산 지역**에서 볼
수 있어. 이렇게 일사량이 적고 추운 지역에서는 잎이 항상 푸르면서 바늘같이 뾰족한 나무가 자라. 광합성을
효율적으로 하면서도 잎의 수분이 얼지 않도록 하기 위함이지. 이를 한자로 하면 **상록 침엽수**가 되겠지. 대표적으로
전나무나 **가문비나무** 등을 들 수 있어 이러한 냉대림은 비교적 **수종(樹種, 나무의 종류)**이 단순해서 **벌목하기에도 좋고**
펄프, 제지의 원료로 쓰여서 **임산 자원으로 가치**가 높단다.

전나무

온대림** 溫 (따뜻할 **온**) / 帶 (띠 대) / 林 (숲 림) temperate forest

▶ **낙엽 활엽수** 落 (떨어질 **락**) 추락 /葉 (잎 **엽**)/ 闊 (넓을 **활**) 광활 /葉 (잎 **엽**) /樹 (나무 **수**) : deciduous broad-leaved tree

온대림은 **남해안과 개마고원을 제외한 한반도 대부분의 지역**에서 자라고
있어. 기온이 온난한 지역에서 자라는 나무는 광합성 하기 좋게 잎이 넓지
만 겨울에는 추워서 그만큼 양분을 받지 못해 잎이 견디지 못하고 떨어져.
그래서 이를 **낙엽 활엽수**라 하는 거란다. 그러나 활엽수가 전부는 아니고
상록 침엽수림이 섞여 있는 **혼합림**이 나타나. 현재는 땔감용으로 쓰기 위해서 또는
경작지를 넓히기 위해서 자연림이 대부분 파괴되어서 인위적으로 조성된 **인공림**이
분포한단다.

단풍나무

난대림** 暖 (따뜻할 **난**) / 帶 (띠 대) / 林 (숲 **림**) sub-tropical forest

▶ **조엽수** 照 (비출, 빛날 **조**) 조명 / 葉 (잎 **엽**) / 樹 (나무 **수**) : laurel tree

최한월 평균기온이 0℃보다 따뜻한 지역에서 자라는 숲이야. 우리나라의 **남해안**
일대와 제주도, 울릉도에서 나타나. 연중 온난하니까 나뭇잎은 일년 내내 푸르고
잎의 크기도 넓으면서 두꺼워. 특히 잎이 코팅을 해 놓은 것처럼 광택이 나는데
그래서 이를 **조엽수**라 하는 거란다. 대부분의 조엽수는 상록 활엽수에
속하기 때문에 **난대림의 구성을 상록 활엽수**라 해도 무방해. **동백나무,**
대나무, 차나무가 대표적이야.

동백나무

냉대림

온대북부림
온대중부림
온대남부림

난대림

111

식생 분포

vegetation

앞에서도 잠깐 설명했지만 식생은 '식물이 난다'는 뜻으로 쉽게 **식물 집단**이라고 생각하면 돼.

植生
식물**식** 날**생**

각각의 식물 집단은 자신에게 적합한 기후에서 자라.

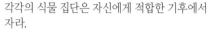

난 18℃ 이상온도. 연강수량 2000m 이상이 딱 좋아~

열대우림 식물

특히 식물에게는 기온과 강수량이 중요한데,

습윤 기후 지역인 우리나라에서는 강수량 보다 **기온이** 식생 분포에 큰 영향을 미쳐.

혹독한 추위도 문제없다~

일년내내 따뜻해야해

침엽수림   대나무

그렇다면 기온의 차이를 만드는 **위도**나 **해발 고도**와 같은 기후 요인에 따라 식생의 분포도 달라지겠지?

기후 요인 → 기후 요소 → 식생
위도 해발고도 → 기온 → 냉대림 온대림 난대림

그래서 식생의 수평적 분포와 수직적 분포를 살펴 보는 거야.

기후 요인
위도 → 수평적 분포
해발고도 → 수직적 분포

▶ **식생의 수평적 분포 :** 우선 평탄한 지표면을 가정 했을 때 위도에 따라 각 기온에 적합한 식생이 분포할거야. 남부에서 북부지방으로 갈수록 **난대림→온대림→냉대림**이 나타나겠지.

냉대림
연평균 5℃ 이하 개마고원, 고산지대

온대북부림 온대중부림 온대남부림

남단 및 고산을 제외한 한반도 전지역

난대림
1월평균 0℃ 이상 남해안, 제주, 울릉도

같은 순서대로 **상록 활엽수림 → 낙엽 활엽수림 및 혼합림 → 침엽수림**의 수종으로 구성될테고.

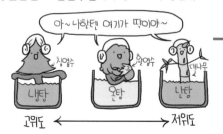

아~ 나한텐 여기가 딱이야~

침엽수   활엽수   대나무
냉탕   온탕   난탕
고위도 ←――――→ 저위도

▶ **식생의 수직적 분포 :** 한편 해발 고도가 높아질 수록 기온이 낮아지기 때문에 **수직적으로도 다른 식생이** 자라.

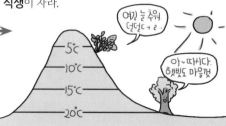

여긴 늘 추워. 덜덜덜ㄹ.

-5℃
-10℃
-15℃
-20℃

아~ 따시다. 햇빛도 마음껏

하지만 같은 고도라도 위도에 따른 기온차가 있기 때문에, 남부에서 북부 지방으로 갈수록 같은 종류의 식생이 분포하는 해발 고도가 낮아지게 돼.

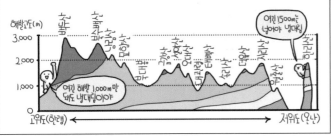

식생의 수직적 분포를 잘 보여주는 곳은 **제주도!** 위도가 낮아 해안 저지대에는 **난대림**이 자라고

해발 200m~600m 사이에는 말 방목을 위해 인공적으로 조성한 **초지대**가 나타나.

고려시대부터 원나라에 바칠 말을 기르기 시작했다구

그보다 높은 지역에서 **온대림, 냉대림** 순서로 나타나다가 정상부에서는 **관목림***이 분포하지.

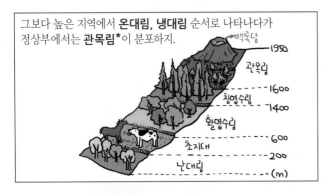

🐾 관목*

灌 (더부룩이 날 **관**) / 木 (나무 **목**) : shrub

명명백백 more

보통 우리가 '나무'라고 할 때는 가장 굵은 몸통 줄기가 있고 위쪽으로 잔가지들이 뻗어 나간 모습을 떠올리잖아. 그런데 관목은 보통 키가 작고 주줄기가 분명하지 않으며 밑동이나 땅속부터 가지들이 갈라져 나는 나무들을 말해. **철쭉**이나 **개나리나무**를 떠올려봐~ 산 정상에서는 춥고 비바람이 많이 불며 수분이 부족하기 때문에, 키가 커서 높이까지 수분을 끌어올려야 하는 나무들보다는 이렇게 더부룩이 나는 관목이 유리해. 그래서 한라산 정상부에도 관목림이 분포하지. 매년 봄에 철쭉 축제도 열린단다.

112

식생의 가치

생태. 살아있는 것들의 모양, 상태라는 뜻으로 생물체 모두 저마다의 모습과 상태 그대로 살아나가는 것을 말하겠지.

生 態

날 생   모양 태

상태
형태

value of vegetation

지구상의 수많은 생물군과 유기, 무기 환경들은 서로 끊임없이 영향을 주고 받으며 조화롭게 살아 가잖아. 바로 이 생태계를 유지하는 데 가장 기본적인 바탕이 되는 것이 식생이야.

나무는 물질적인 가치도 지니지만 인간에게 매우 중요한 **생태적 잠재력**을 갖고 있다고!

보존이 잘 된 식생은 빗물을 흡수, 저장 하면서 홍수와 가뭄을 모두 완화해 주는 그야말로 녹색 '댐'이야.

또한 **기후를 조절**해주고

공기를 정화하며

천연 방진, 방음, 방풍제로 이용하는 등 다양한 환경 조절 효과를 가지고 있단다.

또 나무의 뿌리가 **토양을 고정**하여 토사 유출이나 산사태를 막아주기도 하지.

야생 동물에게 먹이와 보금자리를 제공해 주고

인간에게도 깊은 안식을 주는, 그야말로 모든 생명체에게 없어서는 안될 소중한 자원이란다.

그 공익적 기능을 환산해 보면 한해 73조 원, 국민 일인당 연간 151만 원 상당이라니 엄청나지?

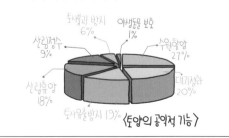

많은 학생들이 토양 부분을 어려워 해. 아무도 왜 그렇게 되는지는 자세히 설명하지 않으면서 문제는 어렵게 냄으로써 거의 엽기 수준의 묻지마 암기를 강요하고 있거든. 그래서 토양 학습을 시작하기 전에 미리 알아야 할 화학 용어들을 정리했어. 화학 지식 자체가 중요한 게 아니라 토양 공부가 '암기'가 아닌 '이해'가 되기 위해 나는 이 과정이 반드시 필요하다고 생각해. 단, 읽고 지나가는 식으로 봐둬도 좋아. 지금은 지리 시간이므로.

유기물** 有(있을 유) / 機(기능 기) / 物(물질 물) organic matter

'유기'의 '기(機)'는 '기능, 기관'이라는 의미로 생명체를 말해. 생명체는 아무리 작은 단위가 되었건 스스로 생존하고 증식하는 기능을 갖고 있는 기관이니까. organic도 '기능, 기관'의 의미를 가진 organization과 같은 어근을 갖잖니. 예로부터 생명체를 구성하는 성분은 광물로부터 얻는 무기물無機物)과는 다른 요소가 있을 것이라 생각했어. 나중에 이는 탄소 화합물이라는 것이 밝혀졌지. 즉 유기물이라 함은 **화학적, 공업적 물질 보다는 탄소 화합물을 포함하고 있으며 생명체를 구성하거나 생명체로부터 얻어지는 물질**을 말해. 토양에서 중요한 유기물은 **지표에 쌓이는 동식물 사체의 부식**이야. 바로 이 물질에 다음 세대의 성장을 도울 양분이 들어 있거든.

토양의 산성과 염기성에 대한 오해와 진실** acid & basic

어떤 물질을 물에 녹여서 **수소이온(H^+)을 만들어 내면 '산', 수산화이온(OH^-)을 만들어 내면 '염기'**라고 불러. 왜냐고 묻지마. 너무 길어서 화학책이 되버리니. --; 토양의 산성도도 순수한 물을 가하고 그 물의 pH(수소이온농도)를 측정함으로써 알 수 있지. 즉 **토양수가 수소 이온을 내어놓는 정도가 토양의 산성도**야.

토양의 산성과 염기성을 공부할 때 중요한 것은 **산성 토양이 척박**하다는 것 뿐. 왜냐하면 산은 식물의 수분을 빠져나가게 하고 (탈수) 엽록소를 탈색시키는 (표백) 등의 작용을 하거든. 그럼 많은 학생들은 이렇게 생각하지. 산성 토양이 척박하니 염기성 토양은 비옥하다고.--;; 미안하지만 절대 아니야. 식물은 어떻게든 반응성이 지나치게 큰 강산이나 강염기 모두에서 살 수 없으며 **약산~약알칼리**의 토양에서 자라. 그 범위 내에서 식물마다 자기가 좋아하는 토양의 pH가 조금씩 다르지. (약산의 토양을 더 좋아하는 식물도 많다고!)

그러나 토양의 pH는 제반 환경일뿐, 그 자체가 비옥도를 말하는 것이 아니야. '비옥함'이라는 것은 기후와 식생이 잘 맞아 **토양에 풍부한 유기물의 부식이 존재하는가**와 훨씬 밀접한 관련이 있어. 다만 **이 유기물의 부식에 존재하며 식물의 생장에 필수적인 성분들 (Na^+, K^+, Mg^{2+}, Ca^{2+}등)이 염기성 이온 (알칼리)이기 때문에 이러한 성분이 풍부해질수록 토양은 더 알카리성을 띨 수 밖에 없는 것 뿐이지.** 그래서 **'염기가 풍부하여 비옥한 토양'**은 말이 되지만 '염기성이라서 비옥한 토양'은 맞는 표현이 아니야. 그리고 배수가 잘되는 화강암질의 사질 토양이 널리 분포하는 우리나라는 부식이 풍부한 토양이라고 하더라도 약산인 경우가 많으며 그 산도 자체는 농경에 문제가 되지 않는단다. (벼도 pH6의 약산토를 좋아한다고!) 한편, 산성이네 염기성이네를 떠나 라테라이트토처럼 유기물이 박박 씻겨나가는 토양은 비옥하기 힘들겠지.

또한 어떤 토양을 산성/ 염기성이라고 단순히 구분하는 것은 위험해. 실제로 **토양의 산성도에 영향을 미치는 요인은 모재, 기후, 식생, 환경 등** 여러 가지라 국지적, 시간적으로 다를 수 있거든. 예를 들어 라테라이트토의 경우 성분상으로는 중성이나 약알칼리를 띠어야 하는데, 실제로 측정을 해보면 여러가지 이유로 산성인 경우가 많아.

유기산**   有機 (유기) / 酸 (산)   organic acid

유기산은 말 그대로 **유기물 가운데 산의 특성을 띠는 것**을 말해. 예들 들어 식초나 쉬어서 시큼해진 음식들, 신 과일 등에 유기산이 들어 있지. 토양에 발생하는 유기산은 식초를 뿌려서가 아니라 ^^;; 지표에 쌓인 동식물의 사체로부터 만들어져. 그것들이 잘 분해되면 식물에 필요한 염기가 되겠지만 **한랭한 지역에서는 미생물의 활동이 둔해서 부식 작용이 매우 불량**하게 이루어지거든. 바로 이 과정에서 유기물들은 **산성**을 띠게 되고 비가 오면 이 유기산이 물에 녹아서 강력한 **표백 작용**을 하지. 매우 산성이 강해서 유기물뿐만 아니라 철과 점토까지 씻어 내릴 수가 있어. 마치 락스처럼 말이야! (실제로 어떤 유기산 물질은 락스의 대용품으로 친환경 표백, 살균, 세정제로 쓰일 정도라니까!)

산화**   酸 (산소 산) / 化 (될 화)   oxidation

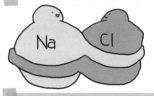

酸(산)이라는 한자는 '시다'는 뜻이야. 예전에는 신 맛을 산성 물질의 가장 큰 특징으로 생각했기 때문에 산(酸)은 '시다(酸)'에서 유래해. 영어 acid(산)도 라틴어 acidus(시다)에서 온 것이지. 그런데 문제는 옛날 사람들이 이 신맛, 즉 산의 특징이 산소에서 온 것이라고 생각했어. 그때는 수소의 존재를 몰랐거든. 그러나 다행히도 산소의 이름을 지을때는 그리스어의 '시다'인 oxys에서 oxygen(산소)라는 이름을 붙였지. 그런데 한자는 모두 酸(실 산)의 한자를 사용함으로써 산소(酸素)와 산(酸)은 같은 한자를 쓰게 됐어. 그래서 둘은 엄연히 다른 것임에도 불구하고 많은 학생들이 산화를 산성화와 헷갈려 해. 영어를 봐. **산화는 산소와 결합하는 것(oxidation)**을 말하고 **산성화는 말 그대로 산성이 되는 것, 즉 수소 이온의 농도가 높아지는 거야(acidification).** 사실 화학적으로 산(acid)은 다른 물질을 산화(oxidation)시킬 수 있지만 이게 곧 산성화(acidification)인 것은 절대 아니야. (이부분도 어려우면 패스해.) 예를 들어 대표적인 산화 반응은 산화철, 즉 철이 녹는 건데, 라테라이트토를 붉게 만드는 성분인 이 산화철이나 산화 알루미늄은 각각 중성과 약알칼리를 띠거든. 물론 이 설명들은 화학적으로 엄밀히 따지면 불완전한 거야. 하지만 그래도 산화와 산성화가 다르다는 것만큼은 중요하다고!

염류**   鹽 (소금, 염 염) / 類 (무리 류)   salts

鹽이란 한자도 화학적으로 두가지 뜻으로 쓰여. 하나는 잘 알다시피 소금이고 다른 하나는 '**염**'이야. 염 역시 화학적으로는 불완전한 설명이겠지만 **산과 염기가 결합하여 안정된 중성화합물** 정도로만 알아두자. 이 물질의 대표적인 예가 소금이었기 때문에 이를 鹽(염)이라 한 거란다. 영어로도 둘다 salt고. **염류(鹽類)**라고 하면 주로 **해수에 많이 녹아있는 염화나트륨, 염화마그네슘, 황산마그네슘... 류(類)의 무기물**들을 일컫는 거야.

규산염**   硅 (규소 규) / 酸 (산소 산) / 鹽 (염 염)   silicate

토양은 암석이 풍화된 산물이기 때문에 암석의 특징을 아는 것이 중요해. 지각의 암석을 구성하는 원소들 가운데 가장 많은 것이 산소이고 그 다음이 규소이기 때문에 이 둘과 금속 원소의 결합 형태에 따라 다양한 광물이 만들어져. 그리고 이 광물들의 조합으로 다양한 암석이 만들어지지. 광물 가운데 **규소와 산소를 포함한 광물**을 규산염 광물이라고 하고 화성암은 규산염(SiO_2)의 함량이 많을수록 **염기성암→중성암→산성암**이 돼. SiO_2의 함량을 기준으로 하는 이유는 암석의 상당 부분을 차지하는 $SiO2$가 암석 내의 거의 유일한 비금속 산화물(산성)이기 때문이야. 하지만 산성암이 풍화된 암석이 산성 토양이 되고 염기성암이 풍화된 토양이 염기성 토양이 된다고 생각하면 안돼. 토양의 비옥도나 산성도는 식생 특성, 식생 밀도, 강수량, 토양 입자 크기에 따른 투수성 등 여러 가지가 복합적으로 작용한다고 했잖아! 다만 SiO_2의 결합 구조는 결국 광물의 크기를 결정하고 이는 토양 입자 크기에 영향을 미치기 때문에 중요한 거야. SiO_2의 함량과 정출되는 온도에 따라 광물의 종류가 달라지는데, **마그마의 온도가 높은 상태에서 광물이 만들어질 때는** 다른 성분과 결합할 시간이 없어 간단한 구조, 즉 **세립질**이 돼. 결국 이러한 광물로 이루어진 암석이 풍화되면 **점토질의 토양**이 된단다. 대표적인 암석이 **현무암**이야. 반면 **온도가 낮은 마그마에서는** 다른 성분과 많이 결합하여 **복잡한 구조의 광물**이 되고 이는 **풍화에도 강한데** 대표적인 것이 **석영**이야. 그래서 석영을 많이 포함한 **화강암이 풍화되면 입자가 굵은 모래**가 많이 생겨. 화강암이 많이 분포하는 우리나라는 전체적으로 沙(모래 사)질 토양이 많기 때문에 배수가 잘되어 유기물이 씻겨나가서 산성토가 우세해. **염기성암**은 상대적으로 SiO_2함량이 적은 반면 철, 칼슘, 칼륨, 마그네슘 등 식물의 생장에게 유용한 **무기질이 산성암보다 많아.** 따라서 염기성암인 현무암이 풍화된 토양이 널리 분포하는 제주나 철원의 토양은 비교적 **비옥**한 편이야. 너무 어려운 설명이라고? 그래 맞아. 하지만 이 부분을 잘 이해하면 뒤에 화산 지형을 이해하는 데도 도움이 되고 토양의 입자와 산성도도 맹목적으로 외우지 않을 수 있다고.

113

토양 분포1-
성대 토양

이번엔 모든 생물의 서식처인 흙, 즉 토양에 대해 알아볼까?

토양의 특성은 **기후, 식생, 모재 (母材) 등의 영향**을 함께 받으며 생성되지만

경우에 따라서 어느 하나의 요인이 강력하게 작용하기도 해.

특히 토양 생성에 있어 **기후**와

기후의 영향을 크게 받는 **식생**은 중요한 요인이야.

기후는 위도의 영향을 받아서 기후대가 띠로 나타나지? 그러니 토양의 분포도 마찬가지. 이것을 띠를 이루는 토양, 즉 **성대 토양**이라고 해.

成 帶
이룰 성 띠 대
형성 기후대 / 혁대

영어로는 zonal soil!

대표적인 성대 토양으로 포드졸토와 라테라이트 토가 있는데, 우리 나라에도 분포하기 때문에 중요해.

▶ **라테라이트**는 **고온 다습**한 열대나 아열대 지방에 분포하는 토양으로, '**벽돌(later)**'에서 유래했어.

이들 지역은 기온이 높아서 미생물에 의한 분해가 활발한데다

강수량이 많아서 유기물과 부식물이 땅 속으로 씻겨 내려가기 때문에 **척박**하고 농경에 불리해.

반면에 **철과 알루미늄의 산화물**만 토양에 남아서
붉은 색을 띠지.

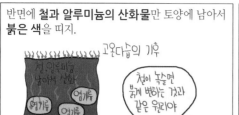

라테라이트토가 강한 일사에 노출되면 매우 딱딱해
지기 때문에 '벽돌'이라는 의미를 지니게 된 거야.

실제로 동남아시아에서는 이 토양이 건축 자재로
쓰인단다.

▶ **포드졸토** : podzol은 러시아 농부들이 지은
이름인데, 러시아어로 '재 아래층'이란 뜻이야.

회백색 토양층이 발견되고 그 아래 또 다른 토층이
보였거든. 여기선 왜 이런 잿빛 토양층이 형성되는
걸까?

한랭 습윤한 지방에는 침엽수가 우거졌음에도
미생물이 활발히 활동하지 못해.

그 과정에서 **유기산**이 생성되고

이게 지표수에 녹아 강한 산성을 띠며 **표층의
물질들**이 녹으면서 **회백색으로 탈색**되는 거란다.

그리고 이렇게 씻겨 내려간 물질들은

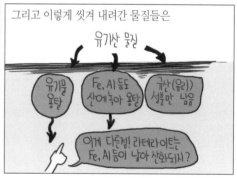

하층부에 쌓여 **암갈색의 치밀한 집적층**이
생기게 되는 거야.

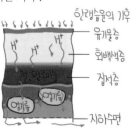

포드졸은 표층에 염기가 별로 없기 때문에
농사는 어렵고 대신 **침엽수림**이 자라.

▶ **우리나라 성대 토양의 분포**를 보면 개마고원에 회백색의
포드졸성토가, 남해안에 적색의
라테라이트성토가,
그 외에는 갈색토야.

우선 냉대림의 침엽수가 우거진 **개마고원** 일대에는 **포드졸성 토양이** 분포하지.

남부 지방의 낮은 구릉지 등에서는 라테라이트토 성격을 띠는 **적색토**가 나타나는데

이를 통해 과거 한반도가 현재보다 고온 다습한 아열대성 기후였다고 추측 할 수 있어.

그리고 **전국적**으로 토양이 침식되지 않은 산기슭을 중심으로 널리 분포 하는 **갈색(삼림)토**는

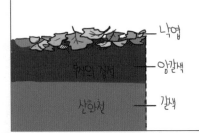

온대 습윤 지방의 낙엽수림이 자라는 지역에서 흔히 볼 수 있는 성대 토양이지.

114

토양 분포2-
간대 토양

intrazonal soil

토양은 방금 살펴본 기후나 식생 외에, 토질의 재료가 되는 **모재**의 영향도 받아.

기반암이 풍화되어 생기는 게 토양이니 당연하겠지.

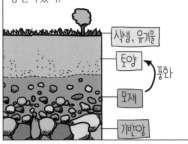

특히 만들어진지 오래되지 않을수록 모재의 영향이 강하게 나타나.

이 토양은 같은 기후나 식생 하에서도 주변 성대 토양과는 다르게 발달해.

그래서 성대 토양 사이사이에서 나타난다는 뜻으로 **간대 토양**이라고 해.

間 帶

사이 **간** 띠 **대**

중간   기후대
     혁대

영어로도 띠(zone)의 사이(intra)에 있는 토양이라는 뜻이지.

우리나라는 **대부분 화강암이 풍화된 모래질 토양**인데, 부분적으로 현무암 및 **석회암 풍화토**가 분포해. 대표적인 간대 토양이니 자세히 보자고.

▶**테라로사**는 이탈리아어로 'red soil', 즉 '**붉은 흙**'이라는 뜻이야.

이탈리아 및 지중해 연안 일대에는 예전부터 석회암이 많았는데

석회암이 빗물에 녹고 남은 불순물인 산화철이 붉은 색이라 토양이 붉은색을 띠었기 때문이야.

라테라이트토가 많은 강수로 대부분의 유기 물질이 쓸려가면서 철, 알루미늄 등만 남아 산화되어 척박한 것에 비해,

테라로사는 염기성 기반암의 성질을 유지한데다 각종 **염기성 불순물**들이 남아 **비옥해.**

▶**현무암 풍화토**는 말 그대로 현무암이 풍화되어 형성된 흑갈색의 간대 토양이야.

세립질이며 염기성암인 현무암이 풍화된거라 토양도 **점토질에 염기성**을 띠며 비옥해.

지도로 다시 돌아가 보면, **테라로사는 영월, 단양** 등의 **석회암 지대**에서, 현무암 풍화토는 용암 대지인 철원이나 화산섬인 제주도에서 볼 수 있고!

지금 바로 화산 지형과 카르스트 지형편을 복습하면 금상첨화!

아니, 도대체 얼굴이 뭐가 크다는 거야..

하여간 애들이 공부하기 싫으니 별핑계를 다..

215

토양 분포3 –
미성숙토

immature soil

일반적으로 토양은 **오랜 시간을 두고 기후, 식생, 모재, 지형 등의 영향**을 받으며 그림과 같은 풍화 과정을 거쳐 형성돼.

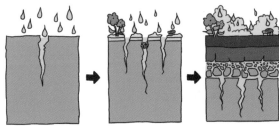

그 결과 다음과 같이 **뚜렷한 토층**을 보이지. 이러한 토양을 **성숙토**라 한단다.

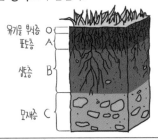

반대로 **미성숙토**는 토양 생성 과정을 제대로 **거치지 않아 토층 발달이 미비**한 토양이야.

가령 성대 토양이나 간대 토양처럼 한 곳에서 분화되는 정적토가 아니라,

하천, 바람, 빙하 등에 의해 운반되어 퇴적된 **운적토**의 경우는 성숙 기간을 거칠 시간이 없겠지.

특히 하천에 의해 운반된 운적토를 **충적토**라고 해. 하천의 상류에서 침식된 물질이 퇴적되는, 중하류에서 흔히 볼 수 있지.

그리고 간석지나 하구 부근에 조류에 휩쓸려 퇴적되는 **염류토** 등도 미성숙토일거야.

그런데 충적토와 염류토는 비옥해.

그래서 물을 얻기 쉬운 곳이라면 논으로 주로 이용되지. 단 염류토의 소금기는 빼야 하고.

또한 경사가 급하여 침식이 우세한 산기슭에 바위 부스러기들만 쌓인 **암설토(암쇄토**라고도 함)도 대표적인 미성숙토란다.

침식

무라도 좀 쌓여야 토층이 발달하던가 말던가 한거아녀? 체!

岩 屑 = 碎 土

바위 **암** 부스러기 **설**   부스러기 **쇄** 흙 **土**

암석   **쇄설물**   **토양**

이렇게 토양은 실제로 여러 가지 원인에 의해 형성되며 다양한 분포를 보여. 우리나라 토양 분포도 물론 그렇고!

- 염류토
- 충적토
- 화산암 분쇄토
- 저구릉지 저화색토
- 산지의 갈색 삼림토 및 양토
- 석회암 풍화토
- 간석지

bonus

심바의 보너스* - 토양 사진으로 보기

토양

모재가 풍화되어 토양이 되게 눈에 보이지?

모재

토양의 단면

표백층이라더니 정말히네~

포드졸토의 단면

약간 붉은 색에 토층받달음 반약하지?

라테라이트토 단면

라테라이트성 저색토 (전라도)

괜히 라테라이트가 아니었어

라테라이트 (인도)

오긴 서회암 붉순물이 산화되어 붉은거지? 라테라이트와 헷갈리기 쉽겠는걸!

석회암 풍화토 (강원도 단양)

정말 시커멍군.. 하긴 현무암이 시커머니깐.

현무암 풍화토 (제주)

우리나라 전역에 분포한 토양이쥐~

갈색토 (충청도)

토양층이 발달 못하고 흙무더기가 쌓인 듯이 보이지? 퇴적층과 사질층이 반박되어 범람의 횟를 알 수도 있다는군~

충적토 (경기도 구리)

여긴 갯벌을 간척해서 논으로 만든거야. 염해를 막기 위해 담수를 충분히 공급할 관개시설이 필요하겠지?

염류토 (경기도 시흥)

바위 가루 투성이네.. 냉물이 살기 힘들겠어

암설토

명명백백 mini

▶ 용탈: 溶 (녹을 용) / 脫 (탈락할 탈) : eluviation : 녹아서 탈락함. 지표수가 토양의 성분을 녹여 다른 층위로 성분을 이동(탈락)시키는 현상

▶ 집적: 集 (모일 집) / 積 (쌓일 적) : accumulation : 모여서 쌓임. 용탈된 물질이 모이고 결합하는 현상

야, 야, 간대 토양이 성숙토냐 미성숙토냐? 책마다 선생님마다 설명도 다르지 않냐? 어디는 성대, 간대토는 성숙토라 하고 어디는 성대토만 성숙토라하고.. 나원참.. 그래서 내가 만국이랑 담판을 졌다. 이는 그 명칭을 부여하는 구분 기준이 달라 질문 자체가 애매한 거란다. **성숙/미성숙토**는 토층의 발달 정도가, **성대 토양**은 기후 및 식생의 영향 정도가, **간대 토양**은 모재의 영향 정도가 기준이니까 말이야. 다만 성대토는 오랜 시간 용탈, 집적, 풍화 등이 활발하여 대부분 토층 분화가 잘 이루어져 있다. 특히 중위도~고위도의 습윤 기후 지역에서 토층이 가장 모식적으로 발달했다는군. 포드졸토나 갈색 삼림토가 대표적이겠지? 하지만 성대 토양이더라도 라테라이트토는 토층의 분화가 덜하잖아! 다 씻겨 내려가니까 -..-;; 어쨌든 모재와 관계없이 **기후와 식생**이 토양의 성질을 완전히 결정하려면 오랜 시간 동안 성숙해야 하겠지. 그래서 토층이 발달하든 덜하든 간에 성대 토양은 성숙토라고 할 수도 있다. 반면 간대 토양의 경우는 상대적으로 젊으며, 오래 성숙하고 분화된 토양은 아니잖아? 그래서 기반암과 토양쌓 정도로 토층이 크게 발달하지 않지. 결론적으로 **토층의 존재**는 넓은 의미에서 '토양'이 가지는 일반적인 특징일 뿐, 토층이 있고 없고에 따라 성대냐 간대냐의 기준이 되는 것은 아니라는 거지. 어쨌거나 유난히 토양층 구분이 없는 미성숙토들 중에서 특별히 성대 토양이나 간대 토양으로 분류되지 않는 것들인 충적토, 염류토, 암설토 등을 흔히 '미성숙토'라고 한다나 봐.

116 토양과 식생의 보존

토양은 식생이 자라는 기반! 토양의 보존은 곧 식생의 보존이지.

흙이 좋아야 맛있는 열매가 열리는데

영양분 / 옥희♥

이렇게 소중한 토양을 지키려면 무엇을 해야 할까?

샘님은 소중한 토양 지키세
저는 소중한 오빠들 지킬게욤

오늘은 뮤뱅데이
일찍끝내주삼

토양의 보존은 크게 **산성화 방지**와 **토양 침식 방지**로 나누어 볼 수 있어.

산성화 방지 / 토양침식 방지

산성토양에선 식물이 맞사는게 몰라? / 토양 자체를 잃어버리면 다 무슨 소용이어?

전체적으로 보면 우리나라는 화강암, 화강편마암이 풍화되어 배수가 잘되는 **사질토**가 많은 데다가

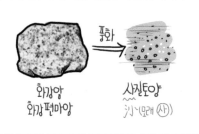

화강암 화강편마암 / 풍화 / 사질토양 沙(모래 沙)

정적토가 대부분이고

사치많고 비싼은 나라에 한자리에만 있으니 판튼는 다 쓸려가고 처박해겠어 ㅠㅠ

여름철 집중 호우 때문에 토양의 유기물이 유실되어 **산성 토양**이며 척박해.

염기가 포함된 유기물이 씻겨가니 산성화될 수 밖에

하천 → 바다

이렇게 유기물이 유실된 산성토는 흙을 잡아줄 **식생이 부족**해 침식에 약해.
악순환이지.

쓸려가니 산성되고 산성되니 나무없고 나무없으니 쓸려가고 쓸려가니 산성...

산업화 과정에서 토양이 마구 파헤쳐지는 것도 토양 유실과 산성화를 가속화해.

산 깎아 아파트 짓고, 골프장 짓고~

저런! 져죽일!!

아파트 분양

최근 증가한 **산성비**도 토양 산성화의 중요한 원인이고.

또한 질낮은 **화학 비료**를 무분별하게 사용하면 토양 산성화의 원인이 될 수 있어.

토양의 산성화를 막기 위해서는 보다 **과학적인 시비**가 필요해.

施 肥
베풀 **시** 거름 **비**

이미 산성화된 토양에는 석회분을 뿌리면 지력을 회복할 수 있고.

토질이 너무 나빠진 지역에는 다른 지역의 질 좋은 흙을 가져다 뿌리기도 해. 이를 **객토**라 하지.

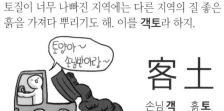

客 土
손님 **객**   흙 **토**

객석
객지

또한 서로 다른 종류의 작물을 돌려가며 짓는 **윤작**도 지력 유지에 도움이 돼.

輪 作
돌릴 **윤**   지을 **작**

경사 방향과 밭고랑을 수직이 되게 함으로써 토사 유실을 줄이는

등고선식 경작,

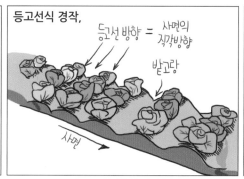

계단 모양으로 경지를 만들어 토사 유출을 막는 **계단식 경작**,

경사면에 나무를 심거나 축대를 설치하여 흙이 흘러 내리는 것을 막는 **사방 공사** 등을 하기도 한단다.

砂 防
모래, 흙 **사**   막을 **방**

사막화   방지

물론 산불 방지나 숲을 가꾸는 **조림 사업**이야 토양과 식생 보존의 기본!

03

환경과
재해

이제부터는 앞에서 배웠던 기후 지식을 바탕으로 우리를 둘러싼 환경과 기후 변화, 자연 재해 등에 대해 공부해 보려고 해.

과학 기술이 발달되어서 여러가지 기후 현상을 이해하고 예측하는 것이 가능해졌지만

반면 환경 오염으로 인해 각종 기상 이변이 증가하고, 대형 자연 재해에 대한 예측은 여전히 쉽지 않은 등 우리들에게 이것들은 여전히 참으로 어려운 숙제야.

특히 거대한 자연 재해는 아직도 인간이 자연 앞에 얼마나 무력한 존재인지를 깨닫게 하기도 하지.

우선 **자연 현상이 우리에게 주는 인적, 물적 피해**인 **자연 재해**부터 시작해 보자. 자연 재해가 뭔지는 다들 잘 알지?

엄밀히 말하면 **재해**란 **재앙과 그 피해**까지 합한 말이야.

災 害

재앙 **재** 해끼칠 **해**

재앙   피해

지형적 요인에 의한 자연재해에는 **지진이나 화산** 폭발 등이 있고

기후적 요인에 의한 자연 재해는 **폭염, 한파, 홍수, 가뭄, 폭설, 태풍** 등이 있지.

by 기온

폭염   한파

by 강수

가뭄   홍수   폭설

by 바람

태풍

다행히 우리나라는 비교적 안정된 지반에 속해 지형적 요인에 의한 자연 재해는 적지만

기후의 변화가 커서

기후적 요인에 의한 재해는 많이 발생하고 있어.

118 폭염과 한파

heat wave & cold wave

폭염은 말 그대로 난폭한 더위로,

暴 炎

사나울 **폭** 더울 **염**

난폭 염증
폭력

극심한 고온 현상이 수일 동안 지속 되는 것을 말해.

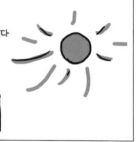

아.. 밖에 돌아다니다 그대로 보신탕 되겠어..

지구 온난화와 도시화 등으로 더위가 견디기 힘든 수준으로 온도가 올라가면서 폭염을 자연 재해로 인식하게 된 거야.

낮 최고 기온 32~33도 이상이 2일 이상 지속되면 폭염 주의보, 35도 이상이 2일 이상 지속되면 폭염 경보 발령합니다!

예보나 틀리지좀마..

우선 폭염이 지속되면 더위에 못이겨 쓰러지는 경우가 많아지지.

인공호흡 준비해!

앗! 쓰러지실듯!

이를 태양광 혹은 태양열이 쏘여서 얻는 병이란 뜻으로 **일사병** 혹은 **열사병**이라고 해.

日 射 病

태양 **일** 쏠 **사** 병 **병**

熱 射 病

열 **열** 쏠 **사** 병 **병**

동물이나 식물도 힘들기는 마찬가지야. 축산 농가의 가축들이나

인간들아, 너네 세계엔 에어컨이라도 있지..

야, 이세계라고 다 있는건 아니야

양식 농가에서 어패류 등이 떼죽음을 당하기도 하고

부영양화도 시작됐어!

야, 우리가 살수있는 수온이 아니잖아!

미생물의 활동이 활발해지면서 전염병이나 식품 부패로 인한 위험도 높아져.

위생 관리를 더욱 철저히 하지 않으면

집단 식중독에 걸릴 수도 있어!

폭염시에는 야외 활동을 자제하고 건강 관리에 신경을 써야 겠지

유럽이나 남미 국가들처럼 무더운 한낮에 낮잠을 자는 siestar를 폭염에 융통성 있게 적용해보는 것도 좋겠지?

반면 **한파**는 말그대로 **급속도로 추워지는 것을** 말해.

寒 波

찰 **한**　　물결 **파**

혹한　　　파도
한대기후　파동

그저 기온 자체가 혹독하게 낮은 것을 의미하는 혹한과 달리 한파는 **기온의 급격한 하강**에 초점을 두고 있는 말이야.

간단히 설명하자면 편서풍보다 더 위쪽의 상공에 제트기류라는 강한 바람이 부는데, 보통 극의 차가운 공기는 제트기류 안쪽에 묶여 있거든?

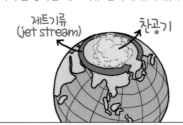

그런데 이 제트기류가 일시적으로 약화될 때 찬 공기가 남쪽으로 흘러내리면서 한파가 급습하는 거야.

미처 준비할 겨를이 없으니 농작물이 죽거나 도로 결빙, 수도관 동파 등의 피해를 입히지.

겨울에 접어들면 한파가 들이닥치기 전에 미리미리 월동 준비를 해 둬야겠지?

동파방지처리

스노우 체인등 월동 운전 장비

농작물 및 축산 시설 정비

우리나라의 자연 재해 중 가장 자주 일어나는 것은 역시 물난리야. 장마, 태풍에 의해 집중 호우가 내리지.

우리가 보통 거침이 없는 것을 말할때 호기로울 호(豪)를 써. 호우는 그야말로 **거침없이 퍼붓는 비**를 의미하지. heavy rain!

豪 雨

호기로울 **호**　비 **우**

호걸
호탕
호인

집중호우가 내리면 하천이 범람하고.

이로 인해 **침수나 산사태** 등의 피해를 입게 돼.

집중호우 자체는 자연적 요인이지만 하천의 범람은 지나친 개발과 삼림의 감소가 원인이기도 해.

따라서 **조림(造林)사업**이 홍수의 간접적인 대책이 될 수도 있어.

물론 댐 건설이나 배수시설 정비도 필요하겠 지만 말이야.

반대로 건조한 날씨가 장기간 지속되어 물이 부족한 가뭄 뉴스도 어렵지 않게 접하고 있지?

가뭄은 농작물이 말라 죽어 **기근** 문제를 발생시키지.

진행 속도는 느리지만 자칫 넓은 지역에 심각한 피해를 일으킬 수 있다고.

앞에서 했던 소우지들, 특히 영남 내륙 지방은 가뭄의 피해를 자주 입는 곳이지.

영남 내륙 지방

그래서 **댐 건설**은 홍수뿐 아니라 물이 부족할 때에도 필요하단다.

그밖에 **삼림녹화**,

물 절약 등도 간접적인 가뭄 대책이 될 수 있어.

산사태는 산의 토사가 미끄러진다는 뜻이지. 잘 알다시피 **산이 무너져 내리는 거야.** 사실 산사태는 그 자체가 재해라기보다는 지진이나 집중 호우 등에 의해 나타나는 피해의 현상이야. 그렇지만 개발 과정에서 **산사면을 깎는 인위적인 훼손**에 의해 나타나기도 해. 급경사의 산지 바로 아래쪽의 촌락들은 산사태의 피해를 입기 쉽지. 산사태가 일어나기 바로 전에는 작은 돌이나 흙이 조금씩 떨어져 내리기 때문에 어느 정도 위험을 예견할 수 있어. 이런 조짐이 보일 때는 신속히 튀어야해!!

야!! 내려간다!!

─산사태 놀이─

꼭 해야돼?

120

태풍

typhoon

열대 지방 해상에서 발생하는 저기압 중

중심 부근의 풍속이 초속 17m 이상으로 이동하는 것들! 그래 열대성 저기압!

17m/s 이상

그중 **태풍은 필리핀 동쪽 해상에서 발생**한 것을 말한다고 한것 기억나지?

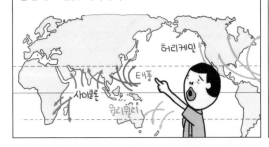

허리케인
태풍
사이클론
윌리윌리

영어 'typhoon'도 이곳의 아시아인 들이 발음하던 것을 그대로 쓴 거란다.

taifeng!
(타이펑)
typhoon
타이푼

우리나라는 7월과 9월 사이에 태풍이 상륙하는데

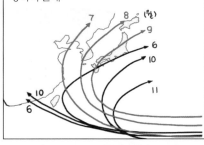

7 8 (월)
9
6
10
11
10
6

이때 **강풍과 집중 호우, 해일** 등이 발생하고

해안가 농경지가 **염해**를 입기도 하지.

바다에서 온 비바람이라 그래

아야 짜

그러니 태풍의 발생 시기와 크기 등을 예측하여

태풍의 경로와 속도, 위험반경을 분석해보면 ...

낮이 익는데...

이에 미리 대비해 두는게 피해를 줄이는 최선이겠지.

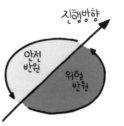

특히 태풍은 진행 방향의 오른쪽 반원이 피해가 큰데,

왼쪽 반원에서는 태풍의 바람이 편서풍과 맞부딪혀 상쇄되는 효과가 있지만, 오른쪽 반원에서는 오히려 바람이 합쳐지기 때문이야.

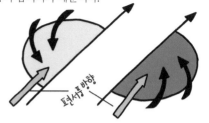

태풍의 피해야 다들 아는 거고. 시험에는 태풍으로 인한 이점이 더 잘 나와.

태풍은 넘치는 적도 지방의 에너지가 모여 고위도에서 발산되는 것이라

지구의 **열수지*를 맞추는** 역할을 하고

8월 긴 무더위 끝의 **가뭄을 해소**해 주며

태풍의 강풍과 호우는 **오염된 대기를 정화**시키지.

또 거센 풍랑은 적조 현상을 낮추거나 심해의 플랑크톤을 끌어들여 **바다 생태계를 활성화**하기도 한다.

열수지*   熱 (열 **열**) / 收 (얻을 **수**) 수입, 수익 / 支 (값 치를 **지**) 지출, 지불 : heat budget   명명백백 more

왜 흔히 '수지가 맞는다, 안맞는다'라고 하잖아. 수지는 수입과 지출, 즉 거래에 있어서 +와 -를 말하는 거야. 지구 전체를 보면, **태양으로부터 받아들이는 열의 양과 지표면에서 내보내는 열의 양이 같아 열수지의 균형**을 이루지만 (만약 이게 안 맞는다면 지구는 불덩이거나 얼음 덩어리겠지), 위도별로는 그렇지 못하거든. 적도는 남아 돌고 극지방은 모자라겠지. 그나마 이러한 열수지의 불균형을 완화시켜 주는 것이 **전지구적인 대기 대순환과 해류** 등이야.

오늘따라 유난히 어릴적 '만국이 수지맞았네~' 하시며 용돈 주시던 우리 할머니 생각이 나네.

용돈도 생각 나고..

121

지진

earthquake

2016년 9월에 우리나라 경주에서 역대 최대의 지진이 발생했던 것 기억나니?

어어어.. 뭐지..???

진도 5.8의 꽤 큰 진동이었어. 서울까지도 느낄 수 있었다고. 그 뒤로 우리 나라에서도 지진에 대한 관심이 커졌어.

샘, 교실이 흔들려요 수업 그만해요

머지?

교실이 흔들리는듯.. 수면부족인가..

요새 12시간밖에 못잤더니 예민해진듯..

지진이란 **지구 내부의 에너지가 급격히 방출**되며 **지표를 진동**시키는 거야.

주로 조산대나 해령*처럼 지각이 불안정한 **판과 판의 경계**에서 일어나지.

■ 지진대
⌐_ 판의 경계

잘 알겠지만 도시가 붕괴되고 산사태가 일어나는 등, 짧은 시간에 막대한 피해를 입혀.

만약 바닷속에서 지진이 일어 난다면 괜찮을 것 같지?

사람이 안사니까 괜찮은 거 아냐? 용궁이 무너지려나?

바닷속 지진은 해일을 일으키는데 이게 장난이 아니야.-.-; 뒤에서 다시 보자고.

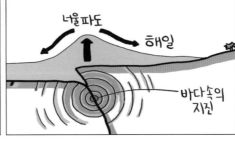

너울파도   해일

바다속의 지진

대책은 정확한 예보 체계를 구축하고

Shreeter

엇, 당신은...

미리 대피할 수 있는 시설을 마련하고 대피 훈련을 해 두어야 해.

대피소가 있으면 일딘 거기로!

여기오니 문득 일기가 쓰고 싶어지네

그리고 시설물의 **내진설계***를 의무화함으로써 대도시의 대규모 피해를 예방해야 하지.

耐 震 設 計

인내할 내 지진 진 설계

인내
감내

이 때의 내(耐)는 참고 견디다는 뜻으로

인내
감내

꿍

지진의 충격을 받더라도 견딜 수 있게, 강하면서도 유연한 구조를 갖추는 거야.

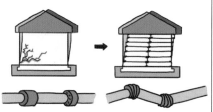

특히 원자력 발전소는 내진설계가 중요한데, 토사층을 파내고 암반층에 건설함으로써 강진에도 견딜 수 있도록 되어 있어.

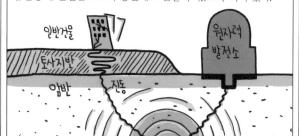

그리고 도시 계획 단계부터 화학공장이나 석유 탱크, 가스관 등은 주거지와 분리시키는 게 좋겠지?

아직 우리나라 시설물들은 내진율이 낮아 걱정이야

나 아직 장가도 못갔는데‥

122 해일

tsunami

아까 태풍을 할때도 잠깐 '해일'을 언급했었는데..

해일? 뭐 재해인 것은 알겠는데 정확히 무슨 뜻일까?

박해일 오빠는 아는데.. 얘는 무해일이래요?

잘생긴 오빠는 모두가 우리오빠~

한자를 보니 답 바로 나왔구만. **바닷물이 넘치는 것**일세.

海 溢
바다 **해**　넘칠 **일**

바닷물이 비정상적으로 높아져 육지로 넘쳐 들어오는 이런 현상은 왜 생길까?

쉽게 생각하기로는 **폭풍, 태풍에 의해** 생기겠지.

폭풍에 의해 바다 표면이 심하게 출렁이면서 갑자기 높아진 파도 덩어리가 육지를 덮치는 거야.

그런데 이보다 더 피해가 심각한 것이 **바닷속의 지진이나 화산으로 인한 해일**, 즉 쓰나미란다.

지진 → 해일
↑
폭풍

폭풍 해일의 경우 폭풍이나 태풍 자체가 예보가 가능해 대피해 있는 경우가 많고 해일 반경도 연안 부근에 머무르거든.

해안 반경 2km 접근 금지하세요!

태풍경보가 발령됐습니다

하지만 지진 해일은 달라. 지구 깊숙한 곳에서 지진이 일어나면 **거대한 에너지가 너울파도에 내장되어 이동**하고 그로 인해 해일이 발생하는 거라

① 지진

② 너울파도가 되어 이동

해일발생
③

처음에는 이 엄청난 일이 물밑에서 일어나고 있다는 것을 눈치채기가 힘들어.

자갸~ 치~즈

그러다 이 에너지가 해변가로 올 때 쯤에는 무시무시한 파도로 변해 해변을 집어 삼키고 마을까지 밀고 들어와.

꺄~ 자갸

조용하던 해변이 갑자기 괴물이 되어 버리니 미처 대피할 겨를조차 없다고.

- 영화 〈해운대〉 중에서 -

2004년 12월 인도네시아에서 발생한 세계 최대의 쓰나미에선 자그마치 15만명 이상이 사망했어.

우리나라 관광객도 여럿 있었지..

또 ...아 15만여...

이건 해일 발생 가능 지역을 표시한 건데, 거의 **지진대** 내에서 분포하고 있고 특히 **환태평양 조산대**에서 대규모 해일이 발생해.

해저 지각변동이 활발한 곳

우리나라도 일본에서 발생한 해일이 도달할 수 있다고!

그런데, 이 해일을 '쓰나미(tsunami)'란 일본의 단어로 세계가 쓰고 있거든? 왜일까?

(쓰나미) "tsunami"

일본인은 이 엄청난 해일이 일반적인 폭풍 해일과는 뭔가 다르다는 것을 알고 있었지.

쓰나미데스! 무섭데스!

1946년 4월 1일 하와이에서 큰 해일이 일어 났는데, 하와이는 유난히 일본인들이 많이 살던 곳이었거든?

쓰나미데스!

다스케데 구다사이!!

쓰나미!

그들이 '쓰나미'라고 하던 것을 서양인들이 따라 썼고 국제 용어로도 정식 채택되었단다.

이 쓰나미는 해저지진이 원인으로 일반적인 해일과 다른 것이다

음~ 그런아에 이걸 tsunami라 합시다.

요새 벌이가 션찮어서 태풍박사도 같이해..ㄲㄲ

이공계는 고달퍼..

또 딴데서두 보자 같은데..

123 화산

volcano

화산은 **지하 깊은 곳에 있던 마그마가 지각의 약한 곳을 뚫고 분출**하는 것이지?

지진과 비슷하게 **해령이나 판의 경계에** 집중적으로 분포하고 있어.

폭발 자체의 충격으로 **화산성 지진이나 해일**이 발생하며

용암과 기타 화산 분출물에 의해 일차적으로는 삶의 터전과 농경지가 파괴되고

분출된 **화산재**가 산성비를 내리게 하고 **햇빛을 차단**하여 농경의 생산량도 감소해.

폭발 후에도 끊임없이 흘러내려 오는 화산 물질들로 2차 피해를 입기도 한단다

하지만 화산을 인간의 힘으로 막을 방법은 없고… 예보 체계를 구축하여 튀는 게 상책이지 --;;

막대한 피해를 입히는 화산이지만… 혹시 이점은 없냐고?

있어! **화산재가 퇴적된 토양**은 비옥 하여 농경에 유리하고

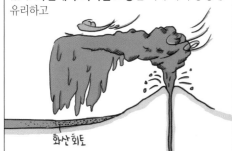

마그마가 지하수를 데워 **지열발전**도 하지.

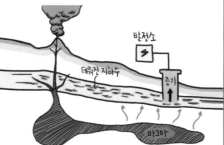

또 **온천**이 나오니까 관광지로 이용될 수도 있겠지?

124 열섬 현상 (도시 기후)

heat island

외곽 지역보다 도심의 기온은 더 높게 나타나는데,

이건 자연 현상과는 별개로 나타나는 도시 기후의 특성이야.

이를 열섬 현상이라고 해. 말 그대로 **도시만 섬처럼 더워져서 생기는 현상**이지. heat island!

도심의 기온이 높아서 도시 내 등온선 분포가

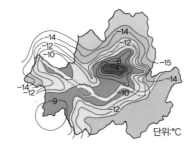

단위:°C

마치 섬과 같아서 붙여진 이름이야.

다들 예상 했겠지만 도심의 기온이 높은 것은 도시화와 환경 오염 때문이야.

도로 포장과 인공 구조물에 의한 복사열 증가, 냉난방 인공열 방출, 대기 오염으로 인한 온실 효과 등.. 도심을 뜨겁게 하는 요소는 한둘이 아니지.

이렇게 가열된 공기는 도심에 강한 상승 기류를 만들어.

이를 채우기 위해 주변에서 공기가 유입되고 상승한 공기는 외곽으로 가면서 식어 하강하고..

이 폐쇄적인 순환이 외부의 신선한 공기를 차단해 기온을 높이고 공해 물질을 가두는 거야.

이때 도심의 상승 기류는 종종 구름을 형성하여 국지적인 강수를 내리기도 하고

주변에서 도심으로 유입되는 공기는 곧 강한 바람이야. 이걸 **도시풍**이라 하지.

또 도시는 지면이 인공적으로 포장되면서 빗물이 대부분 하수구 등으로 빠져 나가기 때문에 자연스럽게 수증기가 방출될 일이 적어.

이렇게 기온이 높고 습도가 낮아지는 현상을 **도시 사막화**라고 하지.

해결책은? **녹지**야. 녹지는 복사열도 덜 받지만 주변의 복사열을 흡수할 수도 있어.

녹지의 수분이 도시를 촉촉하게 하고 이 수증기가 증발할 때 주변으로부터 열을 빼앗아가거든.

최근 각 도시에는 녹지 공간을 최대한 확보하고 대기 오염 물질을 줄여 열섬 현상을 완화하고자 하는 노력이 활발히 일어나고 있단다.

청계천 복원

옥상 녹지조성

천연가스 버스

그리고 이러한 노력들이 가시적인 성과를 나타내기도 해.

125 환경 문제

pollution problem

이제 환경 파트로 넘어가 볼까?

환경 부분은 얼핏 보면 할 게 없는 것 같아도, 몇몇 현상들은 그 발생 원리까지 깊이 알아야 해!

그래서 먼저 환경 문제를 개괄적으로 훑어보고, 중요한 것들만 콕콕 집어서 뒤에서 하나씩 설명해 줄게.

환경은 귀에 딱지가 앉도록 들었겠지만, 정말 심각하고 중요한 문제야.

인구 증가와 산업화, 도시화로 인한 환경오염의 문제는

크게 **대기 / 수질 / 토양 오염**으로 나눌 수 있는데, 사실 셋은 연결되어 있단다.

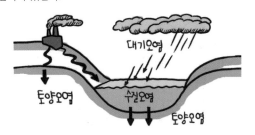

▶ **대기 오염** : 대기 오염은 각종 매연과 배기가스 등에 의해 발생하는

[대기 오염의 원인]

매연　　화력발전　　배기가스

스모그 현상, 산성비, 지구 온난화, 오존층 파괴 등이야.

[대기 오염의 현상]

스모그　산성비　지구온난화　오존층 파괴

이에 대한 대책으로는, 오염 물질이 적게 포함된 연료를 사용하고 오염 발생을 줄이는 설비를 해야 해.

[대기 오염의 대책]

탈황·집진설비　촉매변환기 설치　저공해 연료사용　신재생 에너지 개발

▶ **수질 오염** : 각종 오·폐수 및 화학 물질이 하천을 흘러 바다로 가는 것이 주된 오염원이야. 유조선의 기름 유출 등은 직접 해양을 오염시키기도 하고.

[수질 오염의 원인]

유조선 기름유출　바다　공장폐수　축산폐수　하천　생활폐수

현상은? **부영양화, 적조현상** 등 물이 썩고 오염되는 것이지 뭐.

[수질 오염의 현상]

부영양화　적조현상　수산·양식업의 피해

이의 개선을 위해서는 하수 처리 시설을 갖추고 청정 수역을 설정하며 각 가정에서도 오염원을 줄여야 해.

[수질 오염의 대책]

하수처리시설　　세제사용 감축　　청정 수역 설정

▶ **토양 오염** : 토양으로 흘러드는 폐수 와 농약 및 화학비료 살포가 원인이야.

[토양 오염의 원인]

각종 오·폐수　　농약, 화학비료 살포

토양을 황폐화 시키고 먹이사슬을 통해 **중독성 물질이 축적**되지.

[토양 오염의 현상]

토양의 산성화 지력약화　　축적성 중독

토양 오염을 방지하기 위해서는 농약이나 중금속의 과용을 금지하고 유해 폐기물 등은 철저히 분리해서 처리해야 해.

[토양 오염의 대책]

여기 유기농이라 농약안써서, 천연비료를 이용하지!

나부터 실천!

폐기물 관리실

농약사용 감축　　쓰레기 분리수거　　유해물질 별도처리

특히 대기와 수질 오염은 국경을 넘어 **확산**되면서 주변국에까지 피해를 끼쳐.

드르렁~ ㅋㅋ엉

어차피 안할거면서

선생님! 시끄러워서 공부 못하겠어요!

대기와 해수는 끊임없이 순환 하니까.

대기의 오염 물질은 쉽게 국경을 넘게 되고.

스웨덴, 핀란드

영국

프랑스

편서풍

편서풍

하천의 상류가 오염되면 하류는 직접적인 피해를 입게 돼.

네덜란드

라인강

독일

독일폐수 다건너오잖아!!

헝가리

야, 너네 폐기물 더졌어!

루마니아

다뉴브 강

충청도

야!물 가둬놓고 니네만 쓰게단겨?

전라도 진안

용담댐

금강

거기다 더럽히기 까지!!

방사능 유출 사고 때도 애먼 나라들이 피해를 입었지.

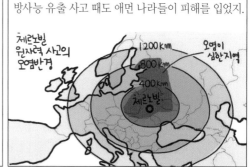

체르노빌 원자력 사고의 오염반경

1200km

800km

400km

체르노빌

오염이 심한지역

특히 **사막화, 지구 온난화, 오존층 파괴, 생물종 감소** 등은 그야말로 **범 지구적인 문제**야.

[범 지구적 환경 문제]

그런 만큼 **국제적 협력**이 중요하다고!

126 지구 온난화

global warming

음.. 확실히 예전과 비교해보면 우리나라가

점점 더워지는 건 확실한 것 같아. 그렇지?

실제로 기온의 변화 추이를 보더라도 연도별 부침은 있지만 **꾸준히 상승**하는 것을 볼 수 있어.

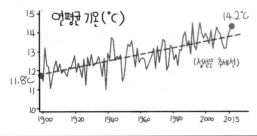

이는 주로 화석 연료의 연소 시 발생하는, 이산화탄소를 비롯한 **온실 가스**들 때문이지.

자연 상태에서 지구복사 에너지와 태양복사 에너지는 열평형을 이루거든?

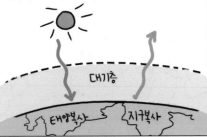

그런데 최근 오염된 대기가 밖으로 빠져 나가야 할 복사열을 막음으로써 지구를 점점 덥게 하는 거야.

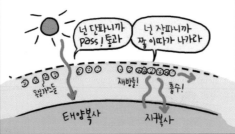

지구 온난화로 빙하가 녹으면 서 극지방의 생태계가 파괴되고

해수면이 상승하며

지구 평균 기온이 6도 상승할 경우 예상 해안선을 나타낸 지도
(현재 기온 상승 속도로 2100년)

자연스러운 에너지 흐름이 깨져 이상 기후 현상이 지구 곳곳에서 일어나고 있어.

또한 간접적으로 발생하는 사막화, 곡물 생산 감소, 식수 부족 등은 더 심각한 문제이기도 하다고.

이는 그야말로 전 지구적 차원의 문제라 국제적 협력이 절실히 필요해.

그래서 1992년 리우 회의 (UN인간 환경 개발 회의) 때 **기후 변화 협약**을 체결하고,

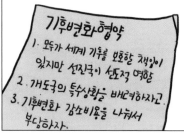

95년 교토에 모여 구체적인 실천 방안을 마련하였지.

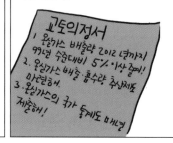

원래 교토 의정서의 유효 기간이 2020년까지 였기 때문에 2015년 파리에서 열린 총회에서 교토 의정서를 대신할 파리 기후 협정을 체결하였어.

교토 의정서		파리 협약
주로 온실가스 감축	→	감축 뿐 아니라 적응, 재정, 기술, 역량 강화, 투명성 등 포괄적 대응
선진국 중심	→	선진국, 개도국 모두
목표 하달 방식	→	국가 스스로 감축 목표 설정
2008~2020 적용	→	2021~ 적용

그동안 선진국과 개도국과의 입장 차이가 있어 합의가 쉽지 않았지만

문제의 심각성을 서로 깊이 공감하며 195개국 모든 국가가 온실 가스 배출 감축량을 정하고 이를 지켜나가도록 강제하고 있단다.

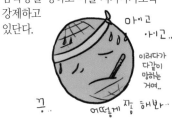

127 스모그

smog
smog

스모그가 **연기(smoke)**와 **안개(fog)**의 합성어인 것은 알고 있지?

도시의 많은 먼지는 수증기의 응결핵으로 작용하기 때문에 도시에는 안개가 잦고

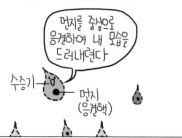

대기 속의 오염 물질이 수증기와 엉겨 붙어 마치 안개가 낀 것처럼 보이는 거야.

서울의 공기는 뭔지 모르게 항상 뿌옇고, 시골에 가면 맑잖아!

넌 어느별에서 왔냐..?

사실을 말해줘..

처음 문제화 된 곳은 원래 안개가 많은데다

한류와 난류가 만나는 곳이라 난류의 공기가 한류로 인해 응결하여 안개가 잘 생기지

산업혁명을 주도했던 런던이었어. 석탄과 석유를 많이 썼겠지.

이 화석 연료의 **연소 후에 생긴 물질에 의해** 스모그가 발생했으며 이를 **런던형 스모그**라고 해. 이로 인해 4000여 명이 사망했다니!

유래안개 + 연소물질

London형 스모그

반면 로스앤젤레스에서는 인구가 밀집되고 자동차까지 많은데다

빠빠~

비켜

일사가 강해.

HOLLYWOOD

그래서 영화산업과 오렌지가 유명해!

배기가스가 태양광선에 반응하여 스모그가 발생했지. 이를 **LA형 스모그**, 혹은 **광화학 스모그**라 해.

일사 + 배기가스 → 오존 등 2차오염물질 생성 (스모그)

LA형 스모그

외우기 전에, 그 도시의 배경을 떠올려봐! 그게 스모그를 만들었으니!

스모그는 시계(視界)의 장애가 되고, 호흡이나 식물의 성장에도 악영향을 미친단다.

안녕여..

콜록!

보이질않어..

128 황사

yellow sand, Asian dust

봄만 되면 황사와 미세먼지로 외출하기가 무섭지?

내꺼?

만국이한테 맞는 방독면이 있다니..

노란 모래 먼지라는 뜻으로 중국 내륙이나 몽골 지방의 황토가

黃 沙

누를 **황**　모래 **사**

봄철 상공의 편서풍을 타고 넘어오는 거야.

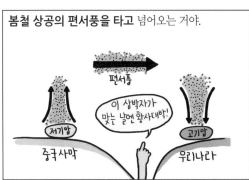

봄은 온난 건조한 양쯔 강 기단의 영향을 받아 건조하거든.

여기서 주의! 양쯔 강 기단이 우세해지면 건조해지므로 황사가 심해질 수는 있지만 황사 자체는 양쯔 강 기단이 아니라 편서풍을 타고 오는 거라고!

최근에는 중국의 사막화가 가속되면서 황사가 점점 심해지고 중국 동부 공업 지역의 오염 물질이 증가해 오염도도 커지고 있지.

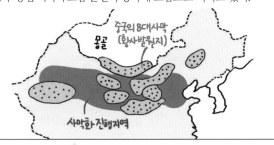

먼지에 중금속과 같은 오염 물질까지 같이 날아오니 기관지 및 호흡기 질환이 일어날 수 있고

정밀 기계의 오작동 피해가 발생하기도 하지.

그런데 오염물질이 없는 자연 황사라면 이로운 점도 있다는 것 아니? 숲에 무기질을 공급하고

산성화된 토양을 중화시키는 효과가 있어.

또한 황사는 적조 현상을 완화해. 황토 입자가 플랑크톤에 달라 붙어 밑으로 가라앉게 하거든.

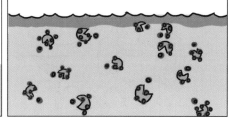

129 산성비

acid rain

산성비가 안 좋다는 것은 알겠는데… 비가 산성이 된 이유는 무엇이며 왜 안 좋다는 걸까?

염기성 비는 없지^^;; 원래 비는 공기 중의 CO2가 녹아 약산을 띠거든.

산성비는 대기 오염 물질들이 상공에 있다가 비와 함께 내리는 것으로

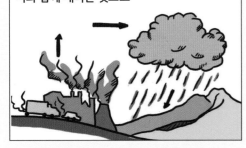

자연상태의 약산인 pH5.6 보다 산성도가 높은 비를 말해.

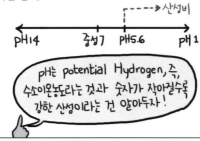

화학적으로 보면 황산화물, 질소 산화물들이 물에 녹으면서 비가 산성으로 바뀌는 것이지.

쉽게 말해서, 하늘에서 일종의 사이다가 내리는 것이랄까?

이 비가 내리면 산성에 약한 **동식물들**은 죽게 되고

토양이 척박해지면서 자연은 점점 황폐화되지.

콘크리트나 석회로 만든 **구조물을 부식**시키기도 하고 말이야. 쯧쯧…

특히 편서풍대에서는 산업이 발달한 국가가 많아 주변국에 피해를 주기 쉬워.

우리나라의 경우도 중국의 공해 물질로 인해 황해 쪽의 산성도가 높게 나타나.

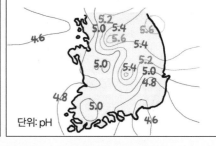

서유럽의 공해 물질도 편서풍을 타고 이동하여, 상대적으로 청정한 북·동유럽에서 산성비가 되지.

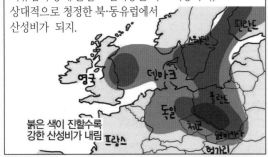

1972년 UN인간환경회의가 스웨덴의 스톡홀름 에서 열린 것도 이 억울한 산성비 문제를 공론화하려고 했기 때문이야~

130 오존층 파괴

ozone depletion

오존(ozone)은 산소원자 3개가 결합된 화합물의 명칭이야.

사실, 이 오존기체에는 좀 특이한 냄새가 나거든?

그래서 ozone은 그리스어로 '냄새를 맡다'는 단어에서 유래했어.

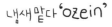

지표에서는 자동차의 배기가스가 태양 광선과 반응하여 오존이 발생하는데,

오존은 호흡기에 악영향을 미치는 독성물질이야.

그래서 오존이 일정 농도 이상이 되면 오존 주의보를 발령해.

반면 상공의 성층권*에는 **오존이 층**을 이루고 있는데, 이는 **자외선을 막아주는 역할**을 해.

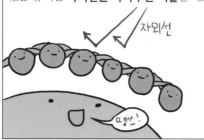

바로 이 오존층이 냉매제나 발포제, 분사제 등으로 쓰이는 **프레온가스*에 의해 파괴**되고 있어.

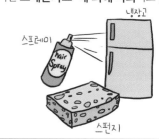

프레온가스는 염소 원자(Cl)를 포함하고 있는데 이 염소 원자 하나가 수많은 오존을 분해시킬 수 있거든.

특히 염소 원자가 오존층을 파괴하기 가장 좋은 환경인 남극에서 오존 구멍도 가장 크지.

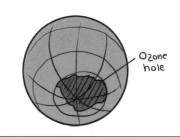

결국 오존은 지표에는 있어서 난리, 상공에는 없어서 난리야.

오존층에 구멍이 뚫려 자외선이 침투하면 **피부암**이나 **백내장**을 유발하기도 해.

또 **식물의 생장을 억제**하고 얕은 물에는 **플랑크톤이 감소**하여 먹이사슬이 파괴되지.

이에 국제적으로 프레온가스의 사용을 규제하기 위해 1987년에 **몬트리올 의정서***를 체결했단다.

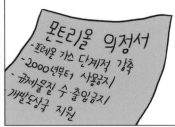

프레온 가스가 포함된 제품의 생산, 유통 등을 강력히 규제하는 협약이 발효되면서

다행히 최근 조금씩 오존층이 회복되고 있다는 소식이 들리기도 해.

성층권*

成 (이룰 **성**) / 層 (층 **층**) / 圈 (**권**) : Stratosphere

명명백백 more

상공은 다 하나인 것 같지만, 온도의 변화가 나타나고 이 온도 변화를 따라 4개의 다른 영역(권)으로 나뉘어. 그 중 성층권은 공기의 대류가 일어나는 **대류권 바로 위에 위치한 두 번째 영역**이야. 이를 성층권이라고 하는 이유는, 성층권 내에서는 상공으로 갈수록 온도가 일정하다가 어느 지점부터 온도가 올라가는데, 이는 **오존층이 있어서 자외선을 흡수하기 때문**이야. 이렇게 그 안에서도 하층은 온도가 낮고 상층은 온도가 높은, **온도의 층을 이루고 있기 때문에** 성층권이라고 하는 것이지.

프레온가스*

Freon gas

명명백백 more

자세한 화학원리까지는 알 것 없고 일종의 **탄소, 불소, 염소의 화합물**(C+Cl+F)이야. 이를 처음 개발한 것이 1928년 미국의 유명한 제약·화학 기업인 듀퐁과 가전기업인 GE야. 얘네들이 이걸 독점적으로 사용하려고 '프레온'이라는 이름을 붙였어. GE는 이 물질을 냉장고의 **냉매**로 사용하였고 듀퐁은 스프레이의 **분사제**나 스티로폼의 **발포제**로 판매했지.

의정서*

議 (의논할 **의**) / 定 (정할 **정**) / 書 (기록할 **서**) : protocol

명명백백 more

한자를 풀자면 **의논하여 정한 것을 기록한 것**이 의정서지. 주로 **국제적 회의에서 결정된 것에 대해 세부 해석이나 적용 방법까지 자세하게 기록한 국제 공문서**를 말해. 협상으로 조약을 맺는 협약(Convention, Agreement)이 다소 상위 개념이라면 의정서는 구체적인 방안 등이 마련된 것이지. 그래서 보통은 협약을 체결하여 나아갈 방향을 정립한 뒤에 의정서를 통해 실천 방안을 마련해. 그렇기 때문에 대외상 협약 체결에 참여 했다가도 실제로는 의정서를 채택할 때에는 각국의 입장이 첨예하게 대립되는 경우가 많단다.

131

열대림 파괴

deforestaion

지구의 허파라 불리는 열대림들은

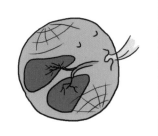

습도를 조절하고

이산화탄소량을 감소시키면서 **지구 온난화를 지연**시켜.

또 지구 면적의 7% 정도지만

수없이 **다양한 종의 동식물에 서식지를 제공** 하지.

그런데 이러한 열대림이 빠른 속도로 파괴되고 있어.

파괴의 최대 원인은 목재 **생산이나 화전* 경작을 위한 무차별적 벌목**이야.

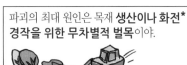

특히 기름야자에서 나오는 팜유는 식용에서 화장품에 이르기까지 매우 다양하게 사용되어 이를 위한 벌목이 주요한 원인으로 지적되고 있어.

이러한 열대림 파괴는 지구 온난화를 가속화하고

생물종 다양성 감소의 직접적 원인이 되지.

'열대 기후' 편에서도 얘기했었지만, 화전이란 나무를 베고 **태워서(火)** 그 곳에 **경작지(田)를 만드는** 거야. 그러면 불태운 초목의 재가 거름이 되어 비료를 주지 않아도 비옥한 토지를 얻을 수 있거든. 그러나 몇 년이 지나면 지력이 쇠하니 다른 곳으로 이동하여 또 화전을 만들게 되지. 환경이 파괴되는 원시적인 방법인데도 아프리카나 동남아시아의 여러 나라들은 아직도 하고 있다니까…

132

사막화

desertification

사막화란 건조한 지역이 많아지고 **기존 사막의 면적도 점점 커지는 현상**이지만

일반적으로 **토지 황폐화**를 넓게 일컫기도 하지.

지구 온난화로 인한 **기후 변화나 가축의 지나친 방목, 삼림 파괴로 인한 토양침식** 등이 복합적으로 작용하여 일어나지.

세계 곳곳에서 사막화는 빠른 속도로 진행되고 있어.

대표적 사례가 사헬지대인데, 사헬은 아랍어로 '가장자리'라는 뜻으로 **오른쪽 지도에서 보듯,** 사하라 사막의 남쪽 가장자리야.

이곳은 건조하지만 풀이 자랄 수 있는 스텝기후에 속하는 곳으로,

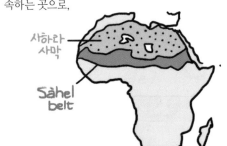

예전에는 분명 농경과 목축이 가능한 반 초원지대였어.

그런데 인구가 증가하면서 농경과 목축 및 벌목 등이 심화되었고

여기에 기후 변동으로 장기간의 가뭄이 겹치면서 지금은 거의 사막이 되어 버렸지.

지역주민들은 기아와 빈곤에 허덕이며 국제적 난민이 되기도 했어.

중국도 북서부에 집중되었던 사막이 확장 되었고, 이에 따라 우리나라로 오는 황사도 함께 증가하고 있지.

중국의 사막화 역시 무리한 벌목과 목축, 채취, 개간 등을 그 원인으로 보고 있어.

우리나라의 황사 현상도 심해지겠지.

두 사례에서 볼 수 있듯이, 사막화는 **인간의 행위와 열악한 기후환경이 함께 작용**하여 빚어지는 비극 이야.

1992년 리우회의 때 사막화 문제가 아프리카나 중동만의 문제가 아닌, 전 지구적 차원의 문제로 대두되었고

1994년 파리에서 **사막화방지협약**이 체결되었어.

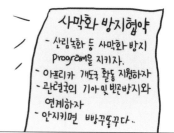

133 생물종의 다양성 감소

reduction of bio-diversity

생물종이 점점 줄어드는 이유는 야생 동·식물을 무분별하게 **남획**하고

각종 개발과 오염으로 인해 **서식지가 파괴**되며

지구 온난화 등으로 인해 **이상 기후가 발생하기** 때문이야.

이는 **생물 자원 자체가 감소하는 문제도 있지만,**

생태계의 균형이 파괴됨으로써 엄청난 결과를 초래할 수도 있지.

정말이지 무분별한 개발의 피해는 고스란히 인간에게 돌아온다니까!!

이를 위해서 1992년 리우회의 때, **생물 다양성 협약**을 체결하였어.

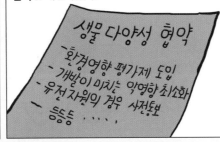

또 희귀 생물의 보고인 습지를 보호하자는 **람사르 협약**도 생물종 다양성 보존을 위한 노력이라고.

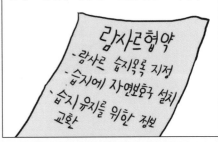

134 부영양화

eutrophication

자, 이제 물로 가볼까?

부영양화에서 부(富)란 부유하다는 뜻이야.

그럼 **영양이 부유해진다**는 건데… 좋은 것 아니냐고?

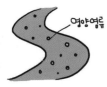

富 營 養 化
부유할 부 영양 될 화
부자
부유하다
갑부

아니.. 이건 니 밥상이 아니라 물이라고!

폐수나 토양으로부터 흘러드는 각종 유기성 오염 물질은

과다한 영양염류의 공급을 초래하고

영양염류

이게바로 부영양화야

이를 먹이로 하는 플랑크톤*과 같은 **수중 미생물**도 **기하급수적** 으로 증가하게 되지.

미생물

냠냠

져접저접

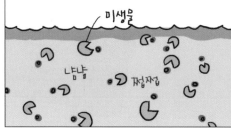

이런 미생물들도 엄연히 수중 산소를 이용하여 호흡을 하기 때문에

아니, 글쎄 우린 숨도 안쉬고 사는줄 알아?!

산소가 부족하여 어패류들이 집단 폐사하고 말아.

아! 산소 다 어디갔어?

이 사체들이 분해되는 과정에 산소는 더욱 부족해지고 악취가 발생하고… 이렇게 물이 썩게 되는 거야.

뿔뿔!

심바야, 영양염류야. 달라고 했잖지? 쭉 - 마셔~ - 망구

🙂 영양염류*

營養 (**영양**) : 鹽 (염 **염**) : 類 (무리 **류**) : nutritive salts

명명백백 more

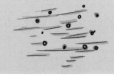

영양염류를 제대로 알려면 사실 '염(鹽)'의 개념을 알아야 하는데.. 이는 화학적으로 들어가자면 설명이 아주 복잡하고 @.@;;. 그냥 중성 화합물 정도로만 알아두자. 이런 염 중에서 질소(N)와 인(P)을 포함하고 있는 염류들은 **유기성을 띠기 때문에 영양염류**라고 해. 이들이 나중에 **플랑크톤을 비롯한 수중 미생물의 먹이**가 되지. 플랑크톤의 과다는 곧 물이 썩는 것을 의미하기 때문에, 영양염류가 수질 오염에 중요한 거야.

🙂 유기성*

有 (있을 **유**) / 機 (기능 **기**) / 性 (성질 **성**) : organic

명명백백 more

유기성의 '기(機)'는 '기능, 기관'이라는 의미로 생명체를 말해. 생명체는 아무리 작은 단위라도 스스로 생존하고 증식하는 기능을 갖고 있는 '기관'이 되니까, 유기성'이라 함은 **무언가 생명체적 기능이 있다**는 뜻이지. organic도 기능, 기관의 의미를 가진 organization과 같은 어근을 갖잖니. 예로부터 생명체를 구성하는 성분은 광물로부터 얻는 무기물과는 다른 요소가 있을 것이라 생각했어. 나중에 이는 탄소 화합물이라는 것이 밝혀졌지. 그러니 **유기성 오염물질**이라 함은 화학적, 공업적 물질보다는 탄소 화합물을 포함하고 있는 **생활 하수나, 축산 폐수** 등을 말해.

🙂 플랑크톤*

plankton

명명백백 more

plankton은 원래 그리스어로 **'방랑자'**라는 뜻이야. 스스로의 운동능력은 거의 없이 물속을 떠다니는 **수중 부유 미생물**을 일컫는 말이지. 말 그대로 물속의 방랑자인 셈이야 ^^;; 식물 플랑크톤과 동물 플랑크톤이 있어.

135 적조 현상

red tide

4대강 사업 이후로 적조, 녹조 현상 등의 뉴스를 자주 접하게 되었지? 이러한 현상은 무엇이며 왜 생기는 걸까?

앞에서 조(潮)란 바닷물을 말한다고 했던 거 기억나지?

바다물 潮 (tide)   바다 海 (sea)

그러면 적조현상은 **붉은 바닷물 현상**이로군.

赤 潮 現像

붉을 **적** 바닷물 **조**   현상

적색   조류
　　　 조경수역

그런데 방금 전에 부영양화를 했잖아? 적조 현상은 부영양화 때문에 생기는 거야.

강한 일사로 수온이 급격히 오르거나 바람이 없을 때,

혹은 집중호우 등으로 **영양염류가 많은 담수**가 다량 유입되면

이를 먹이로 하는 플랑크톤도 급격히 번식하여 바다의 색이 플랑크톤의 색으로 변하거든.

적조현상을 일으키는 식물성 플랑크톤이 주로 오렌지색, 적갈색 등을 띠기 때문에 바다가 붉게 보이게 되지.

만약 녹색이나 갈색 플랑크톤이 유난히 많아졌다면 **녹조**나 **갈조** 현상이 나타났을 거야.

이러한 현상으로 인해 **어패류 등이 집단 폐사**하게 되어 양식업에 타격이 커.

최근에는 갯벌의 감소로 바다의 정화 기능이 저하되어 적조 현상이 더욱 심해졌다고 쯧쯧…

머리도 식힐 겸 세계의 기발한 환경보호 광고들 한번 볼까?

니 눈엔 뭐가 보이니?
스케치북? 아님 나무숲? 네가 아낀 종이 한장이
수많은 나무를 아낀단 뜻이겠지~

흑.. 이건 너무 마음아프다.
Whose side am I ?? 당근 동물편이지!
초록은 동색, 가재는 게편, 몰라?!

머 많이 필요없네.
지구온난화로 녹아내리는
아이스크림? 빙하?
어느쪽이든 안습.. ㅠㅠ

기발한 배수구네.
우리가 버리는 하수가 결국은 다
지구에게 간단말이네.
Stop draining
our world ~

차는 신선한 공기를 빨아먹고
도시는 숲을 먹는다네

명명백백 Special 14) 환경 문제 해결을 위한 국제적 협력

환경 문제에서 국제적 협력이 중요한 것은 모두 잘 알지? 그런데 여기서 단체 및 기관명, 기관에서 주최한 회의명, 회의를 통해 합의한 협약명 등이 온통 뒤섞여서 뭐가 뭔지 헷갈려 하는 경우가 많은데, 한번에 정리해 줄 테니 잘 듣길 바래~

자자, 이제 실질적인 이해를 돕기 위해 국제적 회의의 구조를 잠깐 이야기해 줄까? 이런 대규모 국제 회의는 주로 호텔이나 컨벤션 센터(삼성동의 코엑스 같은 곳이야)를 통째로 빌려서 이루어져. 우선 회의의 개회 때는 **회의의 취지나 지향하는 바가 담긴 선언문**을 천명하게 될 거야. 그리고 실제로 회의는 짧게는 며칠, 길게는 몇 주일이 넘도록 계속되는데, 호텔이나 컨벤션 센터의 수많은 홀에서 각각 다른 주제를 놓고 열띤 토론을 벌인다고.

환경 문제가 어디 한둘이야? 이 방에서는 지구 온난화 회의, 저 방에서는 사막화 회의…, 각 방마다 각자의 주제에 대한 해결책을 찾고자, 미리 입장을 정리해 온 각국의

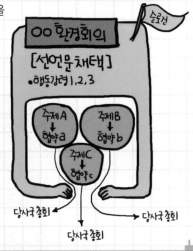

대표들이 모여 고심하겠지. 그 중 **합리적인 해결점을 찾은 회의에서는 이를 협약이나 의정서의 형태로 공표**하고, 지속적인 실천을 위해 앞으로 어떻게 만나 어떻게 운영할 것인지를 정하게 돼. 이렇게 그 주제에 대한 **총회가 결성**되는 거지. 뭐 머리 터지게 싸우기만 하고 돌아가는 외교관들도 있겠지만 말이야^^;; 어쨌든 대회 전체의 입장에서는 정해진 기간이 다 되면, 중요한 합의나 회의의 성과, 그리고 앞으로의 행동 강령 등을 정리하여 회의를 마무리하겠지.

대회가 끝나고 각자 본국으로 돌아가고 나면 땡? 에이.. 그럼 어디 제대로 지켜지겠어? 이제 앞에서 발기한 **총회**가 곳곳에서 열리겠지. 협약에 합의한 당사국들이 주기적으로 만나 **협약을 보충, 개선, 발전시키기도** 하고 **각국의 실천과 이행 정도를 평가**하기도 해.

자자, `이제 "리우회의에서는 '리우선언'을 발표하고 의제21을 통해 구체적인 행동강령을 마련하였으며, 지구 온난화에 대한 논의로는 기후변화협약이 체결되어 매년 총회를 개최하고 있다. 3회 당사국 총회 때, 교토 의정서가 체결되었다."라는 문장이 훨씬 쉽게 느껴지지?

UN인간환경회의** UN이 소집한 환경 회의 · UN Conference on the Human Environment

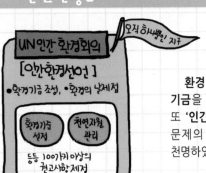

UN은 대대적으로 환경 문제의 심각성과 국제적 협력의 필요성을 인식하고 이에 대한 국제적 협조를 위해 1972년 유엔인간환경회의를 소집하였어. **'오직 하나뿐인 지구'**라는 슬로건으로 1972년 스웨덴의 스톡홀름에서 열렸지. **환경 보전을 위한 여러 가지 권고 사항을 제정**하였고, 환경 기금을 조성하였으며 **환경의 날**(매년 6월 5일)을 공표하였어. 또 **'인간 환경선언'**에서 인간의 환경권, 천연자원 보존, 환경 문제의 교육, 대량 무기의 금지, 야생 동물의 보호 등을 천명하였단다.

야생동물만 동물이냐! 애완동물도 보호하라!

UN환경개발회의** 일명 리우회의 : UN이 소집한 환경 회의　　　　　　UN Conference Environment and Development

스톡홀름에서 UN인간환경회의가 열리긴 했으나, 환경 문제는 구호적인 호소만이 아니라 지속 가능한 개발의 청사진을 제시할 필요가 있음을 느끼게 되지. 자국 경제에 부담이 되는 환경 보전을 적극적으로 하긴 힘들 테니 말이야. 이에 1992년 브라질의 리우데자네이루에서, 72년에 스톡홀름의 인간환경회의에서 채택했던 '인간환경선언'을 계승한, 유엔환경개발회의가 소집되었어. 이를 줄여서 일명, '리우회의'라고 하지. 환경 문제에 관한 가장 대대적이고 광범위한 회의라 매우 중요해. 앞에서도 언급했지만 **자연과 인간의 공존을 담은 '리우선언'을 발표**하고 **의제21(agenda21)을 통해 구체적인 행동강령을 마련**하였으며 **기후 변화 협약이나 생물 다양성 협약 등도 이 때에 체결되었지.**

UN지속개발 위원회* 　UN산하의 환경평가 기구　　　　　　UN Commission on Sustainable Development

그리고 리우회의 에서는 이러한 프로그램들이 각국에서 잘 지켜지고 있는지를 평가하는 기구가 필요했어. 구체적 행동강령을 마련했다고 하더라도 적절한 감시와 제재가 없으면 협약은 힘을 잃기 마련이니까. 그래서 지속개발 위원회(CSD)를 만들었지. **의제21의 이행 상황을 정기적으로 평가하고 심의**하여 환경부분에 대한 재정지원이나 환경 기술 개발 등을 중점적으로 검토하고 있어.

그린피스** 　환경과 평화를 위한 비정부기구　　　　　　　　　　　　　　　Green Peace

1971년 캐나다 브리티시컬럼비아에서 처음 설립되었으며 **세계에서 가장 영향력 있는, 비정부(NGO) 기구 형태의 환경 단체**야. 핵무기 반대, 고래잡이 반대, 생물 **다양성 보존 등** 환경과 평화와 관련된 다양한 활동을 수행하며 강력하고 다소 공격적인 시위까지도 서슴지 않지. 앞에서 본, 인상 깊었던 환경 광고들도 그린피스에서 제작한 것이 많아. 41개국에 지부를 두고 있으며, 본부는 네덜란드 암스테르담에 있는데, 우리나라는 회원국이 아니라 아직 그 지부가 없단다. 그러나 그 외에도 환경운동연합, 녹색환경운동모임 등 활동할 수 있는 환경 단체가 많이 있으니 너희들도 관심 가져보길 바란다~

그린라운드** 　변화된 무역환경을 이르는 개념　　　　　　　　　　　　　　　Green Round

우루과이 라운드에 대치되는 개념으로서, **환경 기준을 설정하여 그 기준에 미달하는 제품의 수출입을 제한**하는 조치를 취하는 거야. 우루과이라운드가 무역 제한 조치를 철폐하여 자유무역을 실현하는 것을 목표로 했는데, 이는 환경 보호의 입장과는 정반대에 있는 것이지. 환경 협약들은 환경 문제를 초래하는 무역에 대해서는 규제를 요구할 수밖에 없는 거야. 아직은 반대하는 국가가 많지만, 친환경 제품이 아니면 세계 시장에서 퇴출될 날도 머지 않았다고.

책이 책을 추천합니다.

광고가 아니랍니다. 명명백백이 생각하는 좋은 책을 청소년 여러분께 추천해요.
함께 읽어 보세요.

National Geographic 시리즈

꼭 책이 아니라도 좋아요. 인터넷, 방송 채널, 사진집 등 다양한
콘텐츠를 접해보세요. 지리에 빠져들게 될테니까요!

살아있는 지리 교과서

전국지리교사연합회 저 | 휴머니스트 | 2011.08.29

지구의 자연과 그 속에서 사는 사람들의 삶을 이해할 수 있는 기초 지식이
가득 들어있어요. 그밖에도 '전국지리교사연합회'에서 저작한 책들은 좋은
게 많더라고요. '믿보저자'에요.

지리의힘

팀 마샬 저 | 사이 | 2016.08.10

지리는 어떻게 개인의 운명을,
세계사를, 세계 경제를 좌우
할까요? 왜 지리가 세계를 보는
창이 되는지 알 수 있을 거에요.

왜 지금 지리학인가

하름 데 블레이 저 | 사회평론
| 2015.07.06

팀 마샬의 책과 관점을 비교해
보세요. 같은 작가의 책인 '소수에
대한 두려움', '분노의 지리학'도
추천해요.

찾아보기*

좋은 책은
흥미와 호기심을 불러일으킵니다.
어때요, 지리가 좀 재미있어 졌나요?

그럼 다음 과목에서 또 만나요~~

명명백백_자연 지리편

초판 1쇄 발행 2017년 1월 1일

발행처_김만국상사
저자_김만국상사 편집부
발행자_박보람, 오정민

등록번호_제2016-000142호
소재지_경기도 성남시 분당구 야탑동 매화로 48번길 11-4
문의_contact@mmbb.kr

*파본은 발행처에서 바꾸어 드립니다. 당근.

**많은 사람들이 개고생해서 만든 저작물입니다. ㅠ.무단복제는 법에 의해 처벌받아요. 추가로 곤장100대.

***하지만 명명백백이 교육 자료로 필요하신 선생님들은 저희에게 연락주세요.

좋은 콘텐츠를 만드는 사람들, 김만국상자

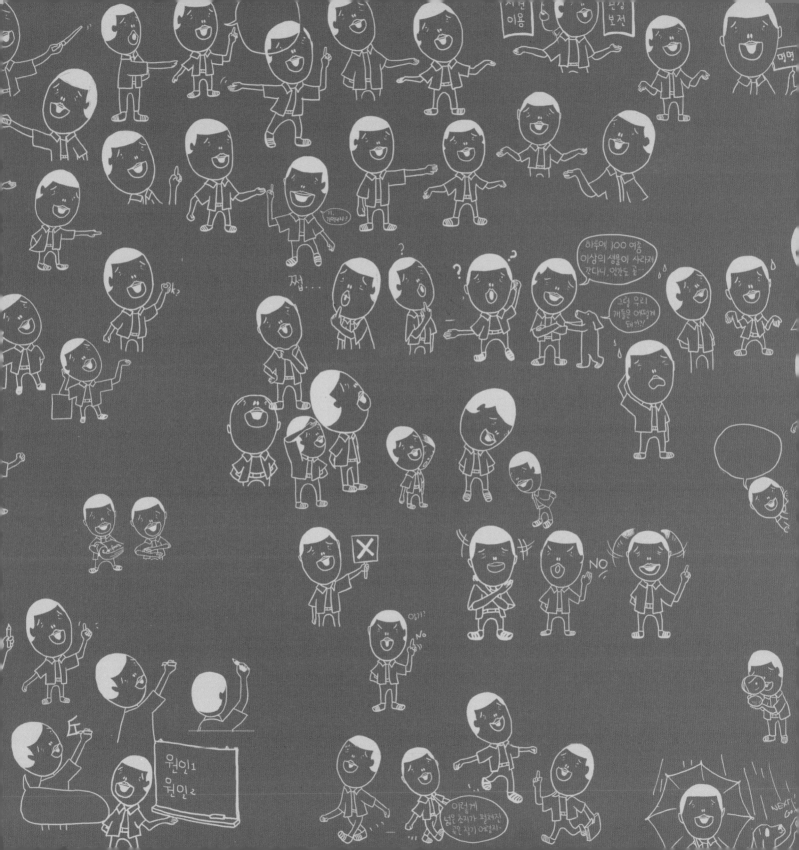